FIT FÜR DIE SCHULE

Das musst du wissen!

Deutsch + Mathematik 3. Klasse

TESSLOFF

Vorwort

Liebe/r ______________________ ,

du möchtest alles wissen, was in der 3. Klasse in Deutsch und Mathematik wichtig ist?
Dann ist dieses Heft genau das Richtige für dich!

Du findest hier Aufgaben zu allen Lernbereichen:

Deutsch

- **Richtig schreiben**
- **Sprache untersuchen**
- **Lesen**
- **Texte verfassen**

Mathematik

- **Zahlen**
- **Grundrechenarten**
- **Rechnen mit Größen**
- **Sachaufgaben**
- **Geometrie**

Wiederhole noch einmal alle wichtigen Inhalte des Schuljahres und überprüfe, was du sicher kannst.

So arbeitest du mit diesem Heft:

→ Alle neuen Lerninhalte werden in den blauen **Lernkästen** erklärt und mit **Beispielen** verdeutlicht.

→ Mit den **Übungsaufgaben** kannst du im Anschluss prüfen, ob du alles verstanden hast.

→ Hast du alles richtig? Sieh einfach selbst in den **Lösungen** nach.

Jetzt weißt du alles, was du in der 3. Klasse in Deutsch und Mathematik wissen musst!

Viel Spaß und Erfolg!
Dein Jojo

Inhaltsverzeichnis Deutsch

Richtig schreiben

Sprache untersuchen

Lesen

Texte verfassen

Inhaltsverzeichnis Mathematik

Zahlen

Grundrechenarten

Größen

Sachaufgaben

Geometrie

FiT FÜR DIE SCHULE

Das musst du wissen!

Deutsch 3. Klasse

von Sonja Reichert
Illustrationen von Guido Wandrey

Das Dehnungs-h

→ Das **Dehnungs-h** ist ein Dehnungszeichen. Beim Sprechen kannst du das Dehnungs-h nicht hören. Daher musst du dir die Wörter gut merken.

f**ah**ren   der Z**ah**n   die **Uh**r

1 Kreise die langen Vokale oder Umlaute und das Dehnungs-h ein.

der Hahn   nehmen   gefährlich   führen
der Lehrer   ihr   der Sohn   ihnen   ihm
ihn   fahren   kühl   gähnen   fühlen   hohl
der Fehler   ehrlich   fröhlich   zählen

2 Ordne die Wörter aus Aufgabe 1 richtig zu und schreibe sie auf.

ah: der Hahn, fahren,

äh: gefährlich, zählen, gähnen

eh: der Lehrer, ehrlich, der Fehler, nehmen

ih: ihr, ihn, ihm, ihnen

oh: hohl, der Sohn

öh: fröhlich, kühl, führen, fühlen,

üh:

→ Wörter mit lang gesprochenem **i** schreibt man meist mit **ie**.

der D**ie**b fl**ie**gen l**ie**b

1 Findest du die Wörter mit **ie**? Löse das Kreuzworträtsel.

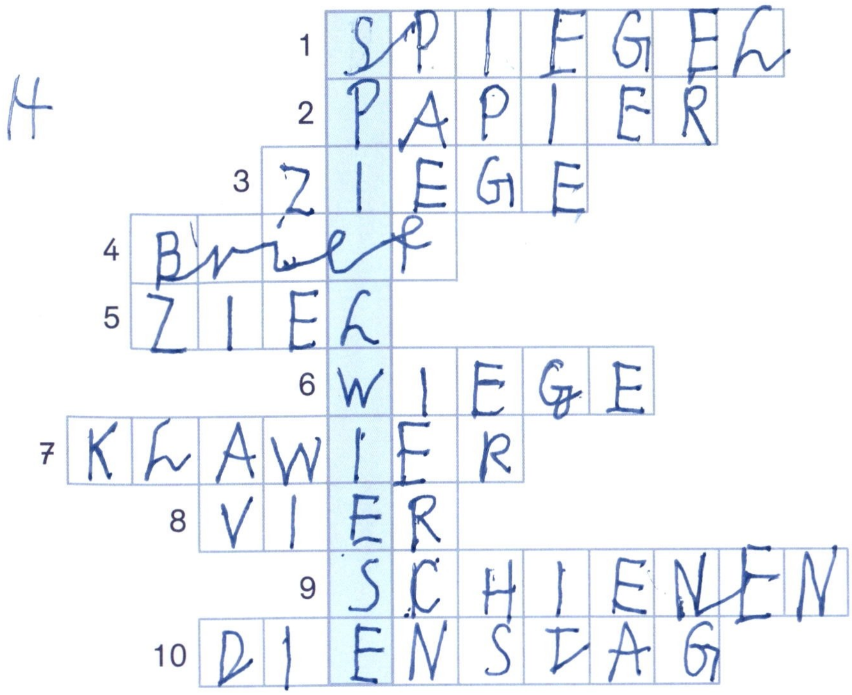

1 Darin kannst du dich sehen.

2 Darauf schreibst du mit dem Füller, Bleistift und Kugelschreiber.

3 Dieses Tier kann meckern.

4 Das bringt der Postbote.

5 Der Sieger erreicht es zuerst.

6 Darin schlafen Babys.

7 Ein Instrument mit schwarzen und weißen Tasten.

8 Diese Zahl kommt nach der Drei.

9 Darauf fahren Züge und Straßenbahnen.

10 Dieser Tag kommt vor dem Mittwoch.

Doppelte Konsonanten

→ Nach einem kurzen Vokal (Selbstlaut) folgen häufig **doppelte Konsonanten** (Mitlaute).

die Ta**ss**e he**ll** kö**nn**en

1

Schreibe die Wörter mit ihren bestimmten Artikeln auf.
Unterstreiche die doppelten Konsonanten.

 der Kamm

 Löffel

 Wekker

 Tasse

 Bett

 Messer

 Nuss

 Trommel

2

Schreibe die Verben auf und unterstreiche die doppelten Konsonanten.

 Schwimmen

 rennen

 brennen

 klettern

Wörter mit b/p, d/t, g/k am Wortende

→ Am Wortende hören sich manche Buchstaben gleich an:

d und **t** **b** und **p** **g** und **k**

Verlängere das Wort, dann hörst du, wie es geschrieben wird.
Nomen (Namenwörter) kannst du mit der Mehrzahl verlängern,
Adjektive (Wiewörter) mit der 1. Steigerungsstufe.

der Hun**d** – die Hun**de**
kal**t** – käl**ter**

1 **d** oder **t**, **b** oder **p**, **g** oder **k**? Verlängere die Wörter und schreibe sie auf.

d oder t?	deine Wortverlängerung
spannen d	spannender
die Han d	die Hände
das Bro t	die Brote
frem d	fremde
verträum t	vertträumter

b oder p?	deine Wortverlängerung
der Sta b	die Stäbe
lie b	die liebe
der Die b	die diebe
das Kal b	die Kälber
das Sie b	die siebe

g oder k?	deine Wortverlängerung
billi g	billige
klu g	die kluge
fleißi g	fleißige
der Ber g	die Berge
der Schran k	die Schränke

Das Fugen-s

→ Bei manchen zusammengesetzten Nomen (Namenwörtern) werden die Wörter mit einem **s** verbunden. Man nennt diesen Buchstaben das **Fugen-s**.

der König + der Hof = der König**s**hof

1 Kreise in den zusammengesetzten Nomen das Fugen-s ein.

Verkehrsschild

Einladungskarte

Lieblingseis

Geburtstagskuchen

Eselsohr

Kuckucksuhr

2 Schreibe die zusammengesetzten Nomen auf.
Denke beim Schreiben an das Fugen-s und kreise es ein.

die Liebe	+	der Brief	=	der Liebesbrief
der Frühling	+	die Blume	=	die
der Geburtstag	+	das Geschenk	=	das
der Bahnhof	+	die Uhr	=	die
das Frühstück	+	das Brett	=	das
die Hochzeit	+	das Kleid	=	das
der Geburtstag	+	das Kind	=	das
der Advent	+	der Kranz	=	der
das Boot	+	die Fahrt	=	die
der Frieden	+	die Pfeife	=	die

Wörter mit tz, ck

➔ Hörst du nach einem kurzen Selbstlaut ein **k**, dann schreibst du **ck**.

die Ze**ck**e dru**ck**en e**ck**ig

Hörst du nach einem kurzen Selbstlaut ein **z**, dann schreibst du **tz**.

der Spa**tz** pu**tz**en wi**tz**ig

1 Senkrecht und waagerecht haben sich zwölf Wörter mit **ck** und **tz** versteckt. Kreise sie ein.

M	N	O	C	K	H	U	I	W	R	A	S	T	Z	O	P	M	B	V	C
K	U	E	T	F	L	T	A	T	Z	E	T	Z	C	K	F	P	Y	E	S
L	I	G	S	C	H	M	E	C	K	E	N	X	D	M	R	S	Z	R	T
P	A	H	C	J	I	N	R	V	P	L	P	J	Z	N	T	Z	S	S	D
D	S	C	H	M	U	T	Z	I	G	M	U	Q	J	L	S	P	I	T	Z
F	B	P	N	G	H	F	A	E	C	K	T	A	K	F	E	C	T	E	K
S	V	H	E	C	K	E	U	R	T	D	Z	W	T	L	T	K	Z	C	L
A	E	B	C	S	R	D	V	E	R	L	E	T	Z	E	N	T	E	K	V
E	R	C	K	R	T	Z	S	C	N	R	N	E	D	C	R	Z	N	E	C
Z	T	K	E	D	C	K	O	K	V	C	X	A	L	K	S	A	Q	N	R

2 Ordne die Wörter aus dem Buchstabengitter zu. Kreise **ck** und **tz** ein. Achte auf die Groß- und Kleinschreibung.

ck	tz

Wortstamm und Wortfamilie

→ Ein Wort besteht aus verschiedenen Bausteinen. Man nennt sie **Wortbausteine**. Der wichtigste Baustein ist der **Wortstamm**. Wörter mit dem gleichen Wortstamm gehören zu einer **Wortfamilie**.

der **Spiel**platz   ver**spiel**t   **spiel**en

Wörter aus einer Wortfamilie sind miteinander verwandt. Das hilft dir beim Schreiben der Wörter. Der Vokal (Selbstlaut) kann sich im Wortstamm manchmal verändern.

das **Lach**en   an**lach**en   **läch**eln

1 Verbinde die Wörter mit dem gemeinsamen Wortstamm.
Kreise die Wortstämme in der richtigen Farbe ein.

Vorleser   lesen   Schultüte

Musikschule

Einschulung   Schulferien

ablesen   Lesebuch   Grundschule

2 Finde den Wortstamm und kreise ihn ein.

das Rennrad	der Gedanke	die Schreibschrift
rennen	denken	verschreiben
er rannte	er denkt	sie schrieb
das Wettrennen	wir dachten	das Schreibheft

3 Finde die Wörter, die zu einer Wortfamilie gehören.
Kreise sie mit derselben Farbe ein.

das Fahrrad · sie fährt · der Fahrplan · sie läuft · fahren · verfahren
nachlaufen · laufen · die Fähre · überlaufen · der Fahrstuhl
wir fuhren · der Wettlauf · das Laufrad · der Lauf · wir liefen

4 Ordne die Wörter aus Aufgabe 1 zu und schreibe sie auf. Kreise den Wortstamm ein.

fahr-

lauf-

Vorsilben

→ **Vorsilben** sind Wortbausteine, die **vor** dem Wortstamm stehen. Sie verändern die Bedeutung der Wörter. Manchmal treffen zwei gleiche Konsonanten (Mitlaute) aufeinander, wenn du eine Vorsilbe mit einem Verb (Tunwort) verbindest.

gehen: **weggehen** **ausgehen**

vorgehen **an**gehen

1 Bilde mit den Vorsilben neue Verben und schreibe sie auf.

~~ent-~~ vor-

nehmen

an- ver-

weg- vor-

rennen

los- herum-

entnehmen ______________

______________ ______________

______________ ______________

______________ ______________

2 Wie heißt das Wort? Setze die richtige Vorsilbe vor das Verb: **aus-** oder **vor-**.

Ein Geschenk ______packen.

Die Lösung ______sagen.

Die Luft ______atmen.

Ein Gedicht ______lesen.

Sich eine Geschichte ______denken.

Ein Lied ______singen.

Nachsilben

→ **Nachsilben** sind Wortbausteine, die am **Wortende** stehen. Wörter mit den Nachsilben **-ig**, **-lich** und **-isch** sind Adjektive (Wiewörter). Sie werden kleingeschrieben. Die Endungen hören sich ähnlich an. Verlängere die Adjektive, dann kannst du die Nachsilben unterscheiden und richtig schreiben.

lust**ig** – die lust**ige** Geschichte
fröh**lich** – der fröh**liche** Mann
neid**isch** – das neid**ische** Kind

1 **-ig**, **-lich** oder **-isch**? Verlängere das Wort und schreibe es auf. Trage dann die richtige Endung in die zweite Spalte ein.

das	niedliche	Baby	→	nied lich
der	______	Mann	→	geiz____
die	______	Sprache	→	engl____
die	______	Soße	→	flüss____
der	______	Freund	→	ehr____
die	______	Elster	→	dieb____
das	______	Afrika	→	sonn____
das	______	Tier	→	gefähr____
der	______	Pilz	→	gift____
die	______	Birne	→	saft____
die	______	Erzählung	→	kom____
die	______	Umarmung	→	herz____
das	______	Wetter	→	regner____

Nachsilben

→ Wörter mit den Nachsilben **-heit** und **-keit** sind Nomen (Namenwörter). Sie werden aus Adjektiven (Wiewörtern) gebildet und großgeschrieben.

klar – die Klar**heit**   einsam – die Einsam**keit**

1 Welche Endung passt? Kreuze sie an und schreibe das Nomen mit dem Artikel in die Tabelle.

	-heit	-keit	
tapfer		X	die Tapferkeit
gesund			
schön			
wirklich			
blind			
sauber			
faul			
traurig			
frei			

2 Bilde aus den unterstrichenen Adjektiven ein Nomen und setze es ein.

Tabeas Hund ist krank. Der Tierarzt beruhigt sie und sagt:

„Er hat keine ernste ____________________."

Die Zwillinge sehen sich ähnlich.

Ihre ____________________ ist verblüffend.

Die Flügel des Schmetterlings sind sehr schön.

Wer ihn sieht, bewundert seine ____________________.

Großschreibung von Nomen

→ **Nomen** (Namenwörter) werden **großgeschrieben**. Sie geben Lebewesen, Dingen, Gefühlen und Zuständen einen Namen.
Nomen erkennst du an ihrem **Artikel** (Begleiter): der, die, das, ein, eine.
Sie können in der Einzahl oder in der Mehrzahl stehen:

das **Kind** – die **Kinder**

1 Finde die Nomen und kreise sie ein.

HUNGER MANN HASE STRAUCH PFERD
PFEIFE
DURST TEUER BLUME
FENSTER
FREUDE DU
LIEB WIR
KANNE UND
SCHIRM GELD
KLEIN
MEIN SEIN UNSER SCHLANGE KIND

2 Schreibe die Nomen mit ihrem bestimmten Artikel auf.
Unterstreiche die großen Anfangsbuchstaben.

der Hunger

Der Satzanfang

→ Das erste Wort eines Satzes, also der Satzanfang, wird großgeschrieben.

Die Sonne scheint.
Möchtest du ein Eis?
Schließe bitte die Tür!

1 Finde die Satzanfänge: Setze Punkte und schreibe das erste Wort groß.

D
die Schulglocke beendet die letzte Schulstunde. Die Lehrerin und alle Schüler verlassen das Klassenzimmer nur Lisa schleicht heimlich zurück sie schließt die Tür hinter sich schnell geht sie zu dem glitzernden Erzählstein und steckt ihn in ihre Tasche sie möchte ihn ihrem kleinen Bruder zeigen am nächsten Tag bemerken die Schüler schnell, dass der Erzählstein verschwunden ist aufgeregt durchsuchen sie das Klassenzimmer, aber der Stein bleibt verschwunden die Kinder überlegen, was sie tun können sie wollen einen Steckbrief schreiben und in der Schule verteilen Lisa geht es gar nicht gut sie weiß, dass sie etwas Falsches getan hat doch sie traut sich nicht, ihren Fehler zuzugeben plötzlich hat sie eine Idee sie holt ein Taschentuch aus ihrem Ranzen, schnäuzt sich und geht mit dem Tuch zum Papierkorb dort lässt sie nicht nur das Taschentuch, sondern auch vorsichtig den Erzählstein hineinfallen sie ruft: „Schaut mal, was ich gefunden habe!“ sie holt den Stein aus dem Papierkorb und hält ihn in die Luft alle klatschen erleichtert in die Hände nur Lisa ist nicht glücklich sie schwört sich, dass sie nie wieder etwas stehlen wird

Im Wörterbuch nachschlagen

→ Wenn du nicht weißt, wie ein Wort geschrieben wird, kannst du in einem **Wörterbuch** nachschlagen. Dort sind die Wörter nach dem Alphabet geordnet. Fangen mehrere Wörter mit demselben Buchstaben an, dann schaue auf den zweiten Buchstaben.

Aal **Af**fe **Am**eise

1 Ordne die Tiere nach dem Alphabet. Achte auf den zweiten Buchstaben.

Dorsch	1. Dachs	Forelle	1. ______
Dachs	2. ______	Frosch	2. ______
Dromedar	3. ______	Fisch	3. ______
Delfin	4. ______	Fledermaus	4. ______

Hund	1. ______	Spinne	1. ______
Hai	2. ______	Schnecke	2. ______
Hornisse	3. ______	Skorpion	3. ______
Hecht	4. ______	Storch	4. ______

Grünfink	1. ______	Kellerassel	1. ______
Gecko	2. ______	Kreuzspinne	2. ______
Giraffe	3. ______	Koala	3. ______
Goldfisch	4. ______	Katze	4. ______

Richtig abschreiben

→ So kannst du das richtige Abschreiben üben:

1. Lies den Text.
2. Merke dir die ersten Wörter und achte auf schwierige Stellen.
3. Schreibe die Wörter aus dem Kopf auf.
4. Merke dir die nächsten Wörter und schreibe sie wieder auswendig auf.
5. Überprüfe deinen Text. Wenn du etwas falsch abgeschrieben hast, verbessere es.

1 Schreibe die Geschichte ab. Gehe so vor wie oben beschrieben.

Im Freibad

Leo klettert auf das Fünfmeterbrett und winkt seinem Bruder Max ängstlich zu. Er hat das Gefühl, dass alle zu ihm hinaufstarren. Plötzlich dreht Leo sich um und steigt wieder hinunter. Unten angekommen klopft ihm Max auf die Schulter. Denn es gehört auch Mut dazu, nicht zu springen. Vielleicht traut sich Leo ja das nächste Mal.

Nomen (Namenwörter) geben Personen, Tieren, Pflanzen oder Gegenständen ihren Namen. Sie bezeichnen auch Gefühle, Gedanken oder Vorstellungen.
Jedes Nomen hat einen **bestimmten** und einen **unbestimmten Artikel** (Begleiter): **der**, **die**, **das** und **ein**, **eine**.

der Mann – **ein** Mann — **das** Bild – **ein** Bild
die Freude – **eine** Freude — **der** Gedanke – **ein** Gedanke

1 Setze die passenden Nomen in die Lücken ein. Unterstreiche den bestimmten Artikel grün und den unbestimmten Artikel blau.

das Ergebnis — die Siegerin — die Freundschaft
ein Bild — eine Idee — der Mond — ein Baumhaus

Marlene hat ____________________ ausgerechnet.

Loki ist ____________________ des Rennens.

____________________ zwischen Ella und Nina ist etwas ganz Besonderes.

Finn malt seiner Oma ____________________.

Jakob hat ____________________.

Sören und Inka hätten gerne ____________________.

____________________ leuchtet am Himmel.

Einzahl und Mehrzahl

→ Nomen (Namenwörter) können in der **Einzahl** und in der **Mehrzahl** stehen.
Die meisten Nomen verändern sich in der Mehrzahl:

der Tisch – **die** Tisch**e**
das Kind – **die** Kind**er**
die Hose – **die** Hose**n**
das Kino – **die** Kino**s**

Bei manchen Nomen verändert sich in der Mehrzahl
auch ein Vokal (Selbstlaut):

die H**a**nd – **die** H**ä**nd**e**
der B**au**ch – **die** B**äu**ch**e**
der Z**u**g – **die** Z**ü**g**e**
der Fr**o**sch – **die** Fr**ö**sch**e**

Der Artikel (Begleiter) ist in der Mehrzahl immer **die**.

1 Schreibe die Nomen mit dem Artikel in der Mehrzahl auf.

der Ball	die Bälle	der Flug	
die Tasche		das Buch	
das Ufo		die Tasse	
der Baum		der Zoo	
der Stuhl		der Strauch	
der Wald		die Eule	

Zusammengesetzte Nomen

→ Nomen (Namenwörter) kannst du aus verschiedenen Wörtern zusammensetzen. Das erste Wort ist das **Bestimmungswort**. Es beschreibt das zweite Wort genauer, das **Grundwort** genannt wird.
Der Artikel (Begleiter) richtet sich nach dem **Grundwort**.

das Feld + **der** Hase = **der** Feldhase
Bestimmungswort + Grundwort = zusammengesetztes Nomen

Das Bestimmungswort kann auch ein Verb (Tunwort) oder ein Adjektiv (Wiewort) sein.

gehen + der Weg = der Gehweg
sauer + das Kraut = das Sauerkraut

1 Bilde zusammengesetzte Nomen und schreibe sie mit Artikel auf.

Bestimmungswort	Grundwort	Zusammengesetztes Nomen
hoch	das Haus	
das Zimmer	die Pflanze	
schnell	der Zug	
rennen	das Rad	
schwimmen	das Bad	
dumm	der Kopf	
die Welt	die Reise	
groß	der Einkauf	
schreiben	der Tisch	
der Finger	der Hut	
lesen	das Buch	

Die vier Fälle des Nomens

→ Je nachdem, wie du Nomen (Namenwörter) im Satz benutzt, verändern sie ihre Form. Nomen können in **vier verschiedenen Fällen** stehen. Durch Fragen kannst du den Fall herausfinden.

1. Fall:	**Der Junge** spielt Schach.	Frage: **Wer oder was?**
2. Fall:	Die Augen **des Jungen** sind geschlossen.	Frage: **Wessen?**
3. Fall:	Leni gibt **dem Jungen** ein Geschenk.	Frage: **Wem?**
4. Fall:	Oskar besiegt **den Jungen**.	Frage: **Wen oder was?**

1 Lies die Sätze und finde heraus, in welchem Fall das Nomen steht. Beantworte dazu die Fragen.

Der Pirat trägt einen großen Hut.

Das Auge des Piraten ist mit einer Augenklappe verdeckt.

Der Papagei schaut dem Piraten beim Vergraben des Schatzes zu.

Alle Inselbewohner kennen den Piraten.

Wer oder was trägt einen großen Hut?

Wessen Auge ist mit einer Augenklappe verdeckt?

Wem schaut der Papagei beim Vergraben des Schatzes zu?

Wen oder was kennen alle Inselbewohner?

2 Lies die Sätze. Verbinde sie mit den richtigen Fragen und finde das Nomen im richtigen Fall.

Der Ball ist rund.	Wessen Farbe ist gelb?	den Ball
Die Farbe des Balles ist gelb.	Wen fängt Tine?	des Balles
Leo gibt dem Ball einen Tritt.	Wer oder was ist rund?	dem Ball
Tine fängt den Ball.	Wem gibt Leo einen Tritt?	der Ball

Der Baum hat grüne Blätter.	Wem gibt der Gärtner Wasser?	des Baumes
Die Blüten des Baumes sind weiß.	Wen mögen die Kinder?	der Baum
Der Gärtner gibt dem Baum Wasser.	Wessen Blüten sind weiß?	den Apfelbaum
Die Kinder mögen den Apfelbaum.	Wer oder was hat grüne Blätter?	dem Baum

Pronomen

→ **Pronomen** (Fürwörter) sind Wörter, die für ein Nomen (Namenwort) eingesetzt werden können: **ich** **du** **er** **sie** **es** **wir** **ihr** **sie**

Das Baby hat Hunger. – **Es** hat Hunger.
Die Kinder gehen ins Theater. – **Sie** gehen ins Theater.
Lotte und ich sind Freunde. – **Wir** sind Freunde.

1 Setze die richtigen Pronomen in die Lücken ein.

Ole und Tom machen Hausaufgaben. ______ sind bald fertig.

Ferdinand hat Durst. ______ trinkt ein Glas Apfelsaft.

Nina und ich fahren Fahrrad. ______ haben viel Spaß.

Luna hat Zahnweh. ______ fährt mit ihrer Mama zum Arzt.

Opa Meyer liest Zeitung. Auf der Nase trägt ______ seine Lesebrille.

Das Haus hat ein grünes Fenster. ______ steht am Waldrand.

Familie Müller und Familie Franke fahren morgen in den Urlaub.

Heute packen ______ ihre Koffer.

Mama und ich gehen einkaufen. ______ brauchen Zutaten für den Obstsalat.

Der Hund sieht gefährlich aus. Zum Glück ist ______ an der Leine.

Pronomen

→ Einige **Pronomen** (Fürwörter) sagen dir, wem etwas gehört.
Sie stehen oft vor einem Nomen (Namenwort).

mein Auto | **dein** Auto | **sein** Auto | **ihr** Auto
unser Auto | **euer** Auto | **ihr** Auto

Manchmal verändert sich die Form der Pronomen.

meinem Auto | **deinem** Auto | **seinem** Auto | **ihrem** Auto
unserem Auto | **eurem** Auto | **ihrem** Auto

1 Findest du die sieben Pronomen? Kreise sie ein.

M	N	T	S	U	I	O	S	B	V	N	M	P	U
W	A	M	E	I	N	D	T	E	U	E	R	Y	I
B	N	J	I	K	L	F	S	U	N	B	C	I	X
H	I	C	N	F	T	Z	D	E	I	N	L	H	K
U	H	Z	H	B	D	Y	I	K	L	J	Z	R	T
P	R	Y	X	U	N	S	E	R	S	E	A	T	D

2 Ergänze die Pronomen.

Tanja hat ________ Buch schon ausgelesen.

Bernd ist mit ______________ Bruder auf dem Spielplatz.

Lasse und Anna, habt ihr __________ Mathebücher eingepackt?

Ich habe __________ Bild mit Wasserfarben gemalt.

Hast du das Fahrrad zu ____________ Geburtstag geschenkt bekommen?

Hanna verbringt __________ Ferien bei Oma und Opa.

Felix fährt mit _______________ Skateboard auf dem Bürgersteig.

Verben in der Gegenwart

→ **Verben** (Tunwörter) sagen, was jemand tut oder was geschieht. Sie sagen dir auch, **wann** etwas geschieht. Verben in der **Gegenwart** verwendest du, wenn etwas jetzt passiert oder immer so ist.

Ich **trinke** ein Glas Milch.
Die Erde **dreht** sich um die Sonne.

1 Ordne die Verbformen der Gegenwart dem richtigen Verb zu.

ich lese	ihr trinkt	du liest	er trinkt	du schläfst	wir lesen
ich schlafe	ich trinke	sie liest	wir schlafen	sie schläft	sie trinken

trinken:	**lesen:**	**schlafen:**

2 Schreibe das richtige Verb in der richtigen Form in die Lücke.

spielen	suchen	beobachten	singen	lachen	schreiben

Ich ____________ über einen Witz.

Die Kinder ____________ gerne Schach.

Du ____________ ein Lied.

Er ____________ eine SMS.

Emina ____________ Informationen im Internet.

Mira ____________ einen Vogel im Wald.

Verben in der 1. Vergangenheit

→ Verben (Tunwörter) in der **1. Vergangenheit** sagen dir, dass ein Ereignis schon geschehen ist. Du verwendest diese Vergangenheitsform vor allem beim Schreiben.

Gestern **regnete** es.

1 Findest du die Formen der 1. Vergangenheit? Kreise sie ein.

ging stand klopfte gab gehen
malte sprach antwortete malen
fragte schrie kam stehen lachte rief

2 Ergänze das Verb in der 1. Vergangenheit.

pflücken	Gestern ______________ ich für Mama einen Blumenstrauß. Sie hatte Geburtstag.
besuchen	Philipp ______________ letzte Woche einen Freizeitpark. Die Achterbahnfahrt machte ihm am meisten Spaß.
kümmern	Letzte Woche ______________ Marlene sich um die Hunde ihrer Oma, die im Urlaub war.
fragen	Tim und Hannes ______________ die Verkäuferin nach dem Preis, doch das Fahrrad war leider viel zu teuer. Sie kauften es nicht.

Verben in der 2. Vergangenheit

→ Verben (Tunwörter) in der **2. Vergangenheit** sagen dir, dass etwas schon geschehen ist. Du verwendest diese Vergangenheitsform vor allem beim Sprechen. Sie besteht immer aus **zwei** Teilen.

Ich **habe** ein Bild **gemalt**.
Jordis **hat** das Eis **gegessen**.
Sie **haben** ein Foto **gemacht**.

Ich **bin** im Kino **gewesen**.
Pascal **ist** nach Hause **gegangen**.
Wir **sind** nach Berlin **gefahren**.

1 Verbinde die Grundform mit der passenden Form der 2. Vergangenheit.

schreiben	Er hat gesehen.
sehen	Sie haben gerechnet.
rechnen	Tina ist gefahren.
suchen	Ich habe gesucht.
fahren	Du hast geschrieben.

2 Bilde die 2. Vergangenheit.

rennen	Ich bin gerannt.
laufen	Sie ist
lachen	Wir
schwimmen	Er
schlafen	Du
tanzen	Ihr
bleiben	Anna und Tom
singen	Ich
malen	Du

Die richtige Zeitform finden

1 Ergänze die richtigen Zeitformen der Verben in der Tabelle.

Grundform	Gegenwart	1. Vergangenheit	2. Vergangenheit
rollen	es rollt	es rollte	
fallen	ich falle		
springen		wir sprangen	
rennen			er ist gerannt
rufen	sie ruft		
tanzen		ihr tanztet	

2 Setze die richtige Zeitform ein.

Die Klasse 3b ____________ letzte Woche auf Klassenfahrt.
(1. Vergangenheit – fahren)

Linus und Henri ____________ sich heute zum Joggen.
(Gegenwart – treffen)

Melissa und Jette ____________ sich gestern im Kino einen Film ________________.
(2. Vergangenheit – ansehen)

Rosa ____________ gerne Skateboard.
(Gegenwart – fahren)

Otto und seine Fußballmannschaft ____________ den Pokal ____________________.
(2. Vergangenheit – gewinnen)

Im Urlaub ____________ Friedrich mit seiner Taucherbrille im Meer.
(1. Vergangenheit – tauchen)

Adjektive

→ **Adjektive** (Wiewörter) sagen dir, wie Menschen, Tiere, Pflanzen oder Dinge sind. Sie beschreiben Nomen (Namenwörter) oder Verben (Tunwörter) genauer.

Das **schnelle** Rennauto fährt auf der Rennstrecke.
Tilo schreibt **schnell**.

1 Folge den Adjektiven und finde den richtigen Weg. Beginne unten beim Pfeil.

Adjektive und ihre Steigerungsform

→ **Adjektive** (Wiewörter) kannst du steigern. So kannst du Lebewesen, Dinge oder Tätigkeiten miteinander vergleichen.

Grundstufe: Anne springt **hoch**.
1. Steigerungsstufe: Franz springt **höher**.
2. Steigerungsstufe: Selma springt **am höchsten**.

1 Ergänze die fehlenden Formen.

Grundstufe	1. Steigerungsstufe	2. Steigerungsstufe
schnell	schneller	
gut		am besten
	klüger	am klügsten
spät		am spätesten
	älter	
laut		
		am glücklichsten

2 Welche Steigerungsstufe passt? Setze die richtige ein.

Die Raupe ist ________________ (klein) als der Igel.

Maja ist ________________ (schnell) als Smilla.

Die Nelke ist so ________________ (schön) wie die Rose.

Thea ist groß. Malte ist ________________ (groß).

Ben ist am ________________ (groß).

Zusammengesetzte Adjektive

→ Adjektive (Wiewörter) kannst du aus mehreren Wörtern zusammensetzen.

Nomen	**+**	**Adjektiv**	**=**	**Adjektiv**
Zucker	+	süß	=	zuckersüß
Adjektiv	**+**	**Adjektiv**	**=**	**Adjektiv**
dunkel	+	grün	=	dunkelgrün

Das zusammengesetzte Adjektiv schreibst du klein.

1 Bilde aus den Adjektiven und den Nomen zusammengesetzte Adjektive.

groß wie ein Riese	riesengroß
schwarz wie ein Rabe	
leicht wie eine Feder	
weiß wie Schnee	
hart wie Stein	
schnell wie ein Blitz	
kalt wie Eis	

2 Verbinde die Adjektive, die du zu einem neuen Adjektiv zusammensetzen kannst. Schreibe sie auf.

hell	klein	
winzig	blau	
dick	süß	
bitter	häutig	

Subjekt und Prädikat

→ Das **Subjekt** (Satzgegenstand) ist das Satzglied, über das im Satz etwas gesagt wird. Du findest das Subjekt mit der Frage **Wer oder was?**.
Das **Prädikat** (Satzaussage) ist das Satzglied, das dir sagt, was geschieht oder was getan wird. Du findest es mit der Frage **Was geschieht? Was wird getan?**.

Jakob und Amelie spielen auf dem Hof.

Subjekt:	**Wer oder was** spielt auf dem Hof**?**	Jakob und Amelie
Prädikat:	**Was geschieht? Was wird getan?**	spielen

1 Sieh dir das Bild an und finde heraus, wer etwas tut. Trage das passende Subjekt und das Prädikat ein.

Subjekt:	**Prädikat:**
________________ fliegt am Himmel.	Das Mädchen ____________ im Meer.
________________ scheint.	Die Möwe __________ auf dem Schirm.
________________ cremt sich ein.	Die Kinder ____________ mit dem Ball.
________________ baut eine Sandburg.	Der Hund ____________ im Schatten.
________________ liest ein Buch.	Opa ____________ im Boot.

Subjekt und Prädikat

2 Finde das Subjekt und das Prädikat. Schreibe sie auf.

	Oma kauft drei Zirkuskarten für die Abendvorstellung.	
Subjekt	Wer oder was kauft drei Zirkuskarten?	Oma
Prädikat	Was geschieht? Was wird getan?	

	Heute fährt die Klasse 3c ins Planetarium.	
Subjekt	Wer oder was fährt ins Planetarium?	
Prädikat	Was geschieht? Was wird getan?	

	Der Drache fliegt in der Luft.	
Subjekt	Wer oder was fliegt in der Luft?	
Prädikat	Was geschieht? Was wird getan?	

	Azra liest ein spannendes Buch.	
Subjekt	Wer oder was liest ein spannendes Buch?	
Prädikat	Was geschieht? Was wird getan?	

Satzschlusszeichen

→ Am Ende eines Satzes steht immer ein **Satzschlusszeichen**.
Mit dem **Aussagesatz** kannst du etwas erzählen, berichten oder mitteilen.
Er endet mit einem **Punkt**.

Das Wetter ist schön**.**

Mit dem **Fragesatz** kannst du etwas erfragen, was du noch nicht weißt.
Er endet mit einem **Fragezeichen**.

Wie geht es dir**?**

Mit dem **Ausrufe-** oder **Aufforderungssatz** kannst du einen Ausruf, einen Wunsch, eine Bitte oder einen Befehl mitteilen. Er endet mit einem **Ausrufezeichen**.

Oh, wie schön**!**   Schließ bitte die Tür**!**

1 Verbinde die beiden Sätze, die zusammengehören. Ergänze die Satzschlusszeichen.

„Wie alt können Meeres-schildkröten werden ___“	„Ja, ich muss das Gedicht auswendig lernen ___“
„Schließe bitte das Fenster ___“	„Meeresschildkröten können über 75 Jahre alt werden ___“
„Hast du Hausaufgaben auf ___“	„Morgen habe ich leider keine Zeit ___“
„Kaufe bitte frische Erdbeeren ___“	„Wer möchte die erste Aufgabe vorrechnen ___“
„Kommst du morgen mit ins Freibad ___“	„Mir ist schon ganz kalt ___“
„Öffnet bitte die Seite 13 im Mathebuch ___“	„Ich brauche sie für den Kuchen ___“

Wörtliche Rede

→ Die **wörtliche Rede** benutzt du, wenn du Gespräche aufschreiben möchtest. Mit ihr kannst du kennzeichnen, wer etwas sagt. Am Anfang und am Ende einer wörtlichen Rede stehen Anführungs- und Schlusszeichen. Dazwischen steht das, was jemand sagt.

„Hallo! Wie geht es dir?“

Vor der wörtlichen Rede kann ein **Begleitsatz** stehen. Er zeigt dir, wer spricht. Der Begleitsatz endet mit einem Doppelpunkt.

Lise sagt: „Am Sonntag kommt meine Oma zu Besuch.“

1 Was sagen die Personen? Schreibe mit den Satzzeichen der wörtlichen Rede auf.

Das Kind ruft: ______________________________

____

Opa sagt: ______________________________

____

Tomma fragt: ______________________________

____

Marcel sagt: ______________________________

____

2 Setze die fehlenden Zeichen der wörtlichen Rede ein.

Jonas geht mit seinem Vater im Kaufhaus zur Spielzeugabteilung.

Er ruft aufgeregt __ __ Papa, da steht die Autorennbahn. __

Schnell rennt er um die Ecke auf das Regal zu.

Jonas sagt __ __ Und dort gibt es ja auch ein Kinderschlagzeug. __

Aufgeregt rennt er auch schon weiter. Auf halbem Weg biegt er rechts ab

und schaut mit großen Augen zu einem Basketballkorb hinauf.

Jonas lacht __ __ Schau mal, den können wir doch an der Hauswand befestigen. __

Jonas dreht sich zu seinem Vater um, aber da steht niemand.

Unsicher ruft er __ __ Papa, wo bist du denn? __

Jonas sucht die Gänge ab.

Plötzlich hört er eine Durchsage __ __ Jonas wird von seinem Vater gesucht.

Er wartet bei den Autorennbahnen auf ihn . __

Jonas wird rot im Gesicht, als er zu seinem Vater zurückgeht.

Der fragt ihn __ __ Hast du etwas gefunden, das du dir zum Geburtstag wünschst? __

Jonas antwortet __ __ Ja, komm schnell mit. Ich zeig es dir. __

Blitzschnell ist Jonas wieder hinter einem Regal verschwunden.

Schlüsselwörter kennzeichnen

→ Kennzeichne die wichtigen Wörter, wenn du aus einem Text Informationen entnehmen möchtest. Diese Wörter heißen **Schlüsselwörter**.
Um die Schlüsselwörter zu finden, hilft es dir, den Text mehrmals zu lesen.

Der **Chiemsee** ist ein **See** in **Bayern**.

1 Lies dir den Text genau durch.

Der Geburtstag

Heute ist der 28. Oktober. Tina hat heute Geburtstag. Vor Aufregung wacht sie um 7 Uhr auf und schaut hinaus. Leider scheint die Sonne nicht, es ist windig. Tina schleicht in die Küche, auf dem Stuhl liegt ein großes Paket. „Alles Gute zum Geburtstag!“, wünscht ihre Mutter, während Tina auch schon das Geschenkpapier aufreißt. Ein feuerroter Drachen mit riesigen Flügeln. „Toll! Können wir den gleich steigen lassen?“ Tina und ihr Vater bauen den Drachen zusammen und gehen auf die Wiese. Jetzt freut sich Tina über das Wetter. Der Drachen hebt ab, fliegt immer höher. Tina zieht kräftig an der Schnur, um ihn zurückzuholen. Plötzlich reißt die Schnur. Erschrocken sieht Tina dem roten Drachen hinterher, der immer weiter wegfliegt, bis er nicht mehr zu sehen ist. „Weißt du, Tina, Drachen fliegen viel lieber alleine“, sagt ihr Vater. Von diesem Tag an erzählen Tinas Eltern ihr jeden Abend neue Abenteuer, die der feuerrote Drachen bei seinem Flug erlebt.

2 Lies die Fragen und unterstreiche die Schlüsselwörter im Text mit der passenden Farbe.

- Wann hat Tina Geburtstag?
- Wie ist das Wetter an ihrem Geburtstag?
- Wo liegt das Geschenk?
- Was bekommt Tina geschenkt?
- Was erzählen Tinas Eltern ihr jeden Abend?

→ Damit eine Geschichte gut zu verstehen ist, musst du sie in der richtigen Reihenfolge erzählen.

1 Lies die Geschichte. Sie ist durcheinandergeraten.
Ordne sie und schreibe die Zahlen 1 bis 8 in die Felder.

	Als Theo mit seinem Fahrrad den Fahrradweg entlangradelt, trifft er Nina mit ihrem Dreirad. Theo sagt: „Mit deinem Dreirad hast du keine Chance gegen mich. Ich bin mindestens doppelt so schnell wie du.“
	Nina läuft die Treppe hinunter und kommt auf der anderen Seite wieder auf den Fahrradweg. Sie befindet sich kurz vor dem Eisladen.
	Theo malt mit Kreide die Startlinie. Als beide an der Startlinie bereitstehen, sagt Nina: „Auf die Plätze, fertig ...“
	Theo hat schon einen großen Vorsprung. Als Nina an einer Treppe vorbeikommt, muss sie lächeln. „Wir haben ja nicht gesagt, welchen Weg wir nehmen müssen.“
	Als Theo mit seinem Fahrrad um die Ecke düst, freut er sich schon auf ein kostenloses Schokoladeneis. Doch dann sieht er Nina vor sich, die auf ihrem Dreirad gemütlich auf den Eisladen zufährt. „Das gibt es doch nicht!“
	Nina nimmt die Herausforderung an: „Wir können ja gerne ein Wettrennen machen. Wer auf der anderen Seite als Erstes am Eisladen ist, gewinnt eine Kugel Eis!“
	Vor dem Eisladen wartet Nina bereits lächelnd auf Theo. „Also ich hätte gerne eine Kugel Erdbeere.“
	„... los!“, ruft Theo schnell hinterher und düst auch schon los. Nina schaut erstaunt hinterher: „Hui, der ist aber schnell. Und geschummelt war das auch.“

Eigene Meinung bilden und begründen

→ Um eine Geschichte besser verstehen zu können, hilft es dir, wenn du dir beim Lesen die Geschichte im Kopf vorstellst.
Mache dir Gedanken zum Inhalt: Beschäftige dich mit den Hauptpersonen.
Du kannst dich fragen, ob du die Personen verstehst oder ob du anders gehandelt hättest.
So kannst du dir eine **eigene Meinung** zu dem Text bilden. Wichtig ist, dass du deine Meinung begründen kannst.

1 Lies dir die Geschichte auf der vorherigen Seite noch einmal aufmerksam durch. Beantworte die Fragen und kreuze passende Adjektive an.

Welche Adjektive beschreiben Theo zu Beginn der Geschichte am besten?

- ☐ ängstlich
- ☐ überlegen
- ☐ neidisch
- ☐ wütend
- ☐ gelangweilt
- ☐ fröhlich
- ☐ traurig
- ☐ müde
- ☐ selbstsicher

Wie fühlt sich Nina, als sie vor Theo ins Ziel kommt?

- ☐ schüchtern
- ☐ überlegen
- ☐ gelangweilt
- ☐ stolz
- ☐ sauer
- ☐ fröhlich
- ☐ müde
- ☐ wütend
- ☐ erschöpft

2 Deine Meinung ist wichtig! Begründe sie. Hat dir die Geschichte gefallen?

Mir hat die Geschichte gefallen, weil …

____

Mir hat die Geschichte nicht so gut gefallen, weil …

____

→ Lies einen Text aufmerksam, damit du ihn verstehst und du dir die Einzelheiten merken kannst. Damit das auch bei einem längeren Text gelingt, kannst du die **Schlüsselwörter unterstreichen** und **Stichwörter notieren**. So kannst du leicht alle Fragen zum Text beantworten.

1 Lies dir den Text genau durch. Unterstreiche die Schlüsselwörter und beantworte die Fragen.

Der Löwe und die Maus

Eine Maus lief über einen schlafenden Löwen. Der Löwe erwachte und ergriff sie mit seinen gewaltigen Tatzen. „Bitte, bitte, lass mich frei!", flehte die Maus. „Ich will dir ewig dafür dankbar sein und werde dir später auch einmal helfen." Großmütig schenkte der Löwe ihr die Freiheit und lachte: „Hahahaha! Die kleine Maus will einem Löwen helfen. Hahahaha!" Kurze Zeit später hörte die Maus in ihrem Loch das fürchterliche Gebrüll eines Löwen. Neugierig lief sie dahin, woher das Gebrüll kam. Der Löwe war in einem Netz gefangen und brüllte laut um Hilfe. Schnell eilte die Maus zum Netz und zernagte mit ihren scharfen Zähnen einige Knoten, sodass der Löwe mit seinen Tatzen das übrige Netz zerreißen konnte. Da sagte die Maus: „Siehst du, auch eine kleine Maus kann einem großen Löwen helfen."

Welche Tiere kommen in der Geschichte vor?

Wieso lacht der Löwe, als er die Maus freilässt?

Worin ist der Löwe gefangen?

Stichwörter notieren

→ Fragen beantwortest du meist in ganzen Sätzen. Möchtest du dir aber aus einem Text schnell etwas aufschreiben, damit du es nicht vergisst, reicht es, wenn du wenige Wörter notierst. Diese Wörter nennt man **Stichwörter**.

Julian sucht seinen Füller.

Stichwort: seinen Füller

1 Lies den Text genau durch.

Unsere Planeten

Planeten sind Himmelskörper. Sie bewegen sich auf einer festen Umlaufbahn um eine Sonne herum. Um unsere Sonne kreisen acht Planeten. Der Sonne am nächsten ist der Merkur. Dann kommen Venus, Erde, Mars, Jupiter, Saturn, Uranus und Neptun. Früher dachte man, dass Pluto auch ein Planet in unserem Sonnensystem sei. Aber das stimmt nicht. Er ist zu klein und hat keine feste Umlaufbahn. Es gibt einen Merksatz, um sich die Reihenfolge der Planeten zu merken.

Mein	Vater	erklärt	mir	jeden	Sonntag	unseren	Nachthimmel.
Merkur	Venus	Erde	Mars	Jupiter	Saturn	Uranus	Neptun

2 Beantworte die Fragen. Unterstreiche zuerst die Schlüsselwörter im Text und schreibe dann die Antwort in Stichworten auf.

Was sind Planeten? ______

Worum kreisen Planeten? ______

Wie viele Planeten kreisen um unsere Sonne? ______

Welcher Planet ist am weitesten von der Sonne entfernt? ______

Fragen formulieren

→ Um dir selbst Fragen zu einem Text ausdenken zu können, musst du ihn genau lesen. Diese Fragewörter helfen dir:

Wer? **Warum?** **Wie?** **Was?** **Wo?** **Wann?** **Womit?**

1 Lies den Text über Mammuts.

Mammuts

Ein Mammut war eine Art Elefant. Der wissenschaftliche Name ist Mammuthus. Die ersten Mammuts gab es vor vier Millionen Jahren. Die letzten Mammuts starben ungefähr vor viertausend Jahren. Sie ernährten sich von Pflanzen, vor allem von Gras. Während der Eiszeit passten sich die Mammuts an die Kälte an und bekamen lange Haare. Deshalb heißen diese Mammuts Wollhaarmammuts. Die ersten Menschen jagten die Mammuts. Die Menschen aßen das Fleisch und aus dem Fell stellten sie Decken und Kleider her. Wenn die Mammuts starben, blieben manchmal die Tierleichen wegen der Kälte bis in unsere Zeit eingefroren. So blieben sie bis heute gut erhalten und wir wissen deshalb, wie sie aussahen.

2 Hier sind die Antworten bereits vorgegeben. Denke dir passende Fragen aus.

Mammuts sahen so ähnlich aus wie Elefanten.

Der wissenschaftliche Name des Mammuts ist Mammuthus.

Die ersten Mammuts lebten vor vier Millionen Jahren.

Eine Tabelle verstehen

→ **Tabellen** helfen dir, wichtige Informationen schnell zu finden. Deshalb werden zum Beispiel Stundenpläne und Fahrpläne in einer Tabelle dargestellt. Eine Tabelle besteht aus waagerechten Zeilen und senkrechten Spalten.

1 Diese Tabelle zeigt dir den Stundenplan einer 3. Klasse.
Sieh ihn dir genau an und beantworte die Fragen.

Zeit	Mo	Di	Mi	Do	Fr
8.00 Uhr	Deutsch	Mathe	Sachunt.	Mathe	Deutsch
8.45 Uhr	Mathe	Deutsch	Englisch	Englisch	Mathe
9.30 Uhr	1. Pause				
9.50 Uhr	Sachunt.	Musik	Deutsch	Deutsch	Sachunt.
10.35 Uhr	Kunst	Reli/Ethik	Mathe	Musik	Sport
11.20 Uhr	2. Pause				
11.35 Uhr	Kunst	Sport	Sachunt.	Reli/Ethik	
12.20 Uhr		Sport			

Wann beginnt die 1. Pause?

An welchem Tag hat die Klasse sechs Stunden Unterricht?

In welcher Stunde haben die Kinder mittwochs Englischunterricht?

Wann endet freitags der Unterricht?

Einen Lexikoneintrag verstehen

→ In einem **Lexikon** kannst du nachlesen, wenn du etwas über einen Begriff oder ein Sachgebiet erfahren möchtest. Damit du die Informationen schnell finden kannst, sind die Inhalte nach dem Alphabet geordnet.

1 Lies diese Einträge aus einem Tierlexikon aufmerksam durch.

Saatkrähe, ein Rabenvogel, der in Europa und Teilen Asiens weit verbreitet ist. Die Saatkrähe wird ungefähr 46 cm lang und hat ein schwarzes Gefieder, das purpurn und bläulich schimmert. Saatkrähen nisten in Kolonien in hohen Bäumen. Auf einem einzigen Baum können sich mehr als zwölf Nester befinden.

Sambar, auch Pferdehirsch genannt, ist die größte Hirschart Südasiens. Das Geweih hat meist drei Enden. Bei einem großen Männchen kann es bis zu 1,30 m lang werden. Die Sambars bewohnen verschiedene Lebensgebiete. Meist leben sie einzeln in Wäldern oder an Waldrändern, aber immer in der Nähe einer Wasserstelle.

Sandfliegen sind kleine, blutsaugende Insekten. Sie bewohnen alle tropischen und subtropischen Gebiete und leben dort an feuchten, schattigen Stellen, da sie sonst austrocknen. In der Dämmerung und nachts sind sie am aktivsten. Sandfliegen können nicht gut fliegen. Meist saugen nur die Weibchen Blut. Die Männchen ernähren sich von Nektar und Pflanzensäften.

2 Kreuze die richtige Antwort an.

Wo ist die Saatkrähe weit verbreitet?

☐ in Australien ☐ in Europa und Teilen Asiens ☐ in Afrika

Was ist ein Sambar?

☐ eine Vogelart ☐ eine Fischart ☐ eine Hirschart

Wovon ernähren sich die männlichen Sandfliegen?

☐ von Nektar und Pflanzensäften ☐ von Fischen ☐ Sie saugen Blut.

Eine Fahrkarte lesen

→ Auf einer **Fahrkarte** stehen viele Informationen, die du beim Verreisen brauchst. Zum Beispiel: In welcher Stadt die Reise beginnt, wohin die Reise geht, an welchem Tag die Fahrt beginnt und wie viel das Ticket kostet.

1 Schau dir die Fahrkarte genau an und beantworte die Fragen.

1 Erwachsener

Reisedatum: 19.03.2013
Abfahrt: Konstanz Hafen, 10.02 Uhr
Ankunft: Friedrichshafen Hafen, 10.48 Uhr

Preis: 12,00 €

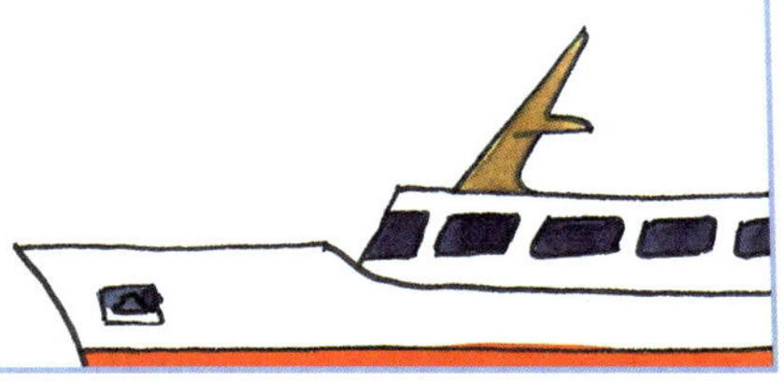

1. Wo beginnt die Reise? Kreuze die richtige Antwort an.

- [ ] Hamburg
- [x] Konstanz Hafen
- [ ] Insel Lindau
- [ ] Rhein
- [ ] Wannsee
- [x] Friedrichshafen Hafen

2. Wie viel hat die Fahrkarte gekostet?

12,00 €

3. Welche Personen dürfen mit der Fahrkarte fahren? Kreuze die richtige Antwort an.

- [ ] 1 Kind
- [x] 1 Erwachsener
- [ ] 1 Erwachsener und 1 Kind
- [ ] 2 Kinder
- [ ] 2 Erwachsene
- [ ] 2 Erwachsene und 2 Kinder

4. Wo endet die Reise?

Friedrichs Hafen

Piktogramme verstehen

→ **Piktogramme** sind Bildzeichen, deren Bedeutung du auf einen Blick verstehen kannst. Du findest sie unter anderem in Zügen, Bahnhöfen und Flugzeugen. Sie helfen dir, dich auch in anderen Ländern zurechtzufinden.

 Feuerlöscher

 Essen und Trinken verboten

1 Auch Verkehrszeichen sind Piktogramme. Weißt du, was sie bedeuten? Verbinde jedes Verkehrszeichen mit der richtigen Bedeutung.

Radweg

Reitweg

Bahnübergang

Zelt- und Wohnwagenplatz

Gehweg

Fußgängerüberweg

2 Diese Piktogramme findest du auf einer Landkarte. Verbinde die Zeichen mit der passenden Bedeutung.

Parkplatz

Bushaltestelle

Spielplatz

Kirche

Burg

Schritte einer Erzählung planen

→ In einer **Erzählung** kannst du ein ausgedachtes oder ein echtes Erlebnis erzählen. Eine Erzählung gliedert sich in mehrere Teile.

In der **Einleitung** führst du in wenigen Sätzen in das Thema ein. Der Leser erfährt darin, wann und wo etwas geschieht und wer etwas tut. Im **Hauptteil** beschreibst du das Hauptereignis genau. So wird deine Geschichte interessant und spannend. Am Ende der Geschichte fasst du das Geschehen in einem **Schlusssatz** zusammen oder gibst einen Ausblick in die Zukunft.

1 Sieh dir die Bildergeschichte an. Beantworte die Fragen in Stichpunkten.

Wann und wo spielt die Geschichte?

Welche Personen kommen in der Geschichte vor?

Was passiert?

Treffende Stichwörter sammeln

→ Bevor du eine Geschichte schreibst, ist es wichtig, dass du dir Ideen und **treffende Stichwörter** notierst. Dabei können dir einige Fragen helfen.
Welche Personen spielen in der Geschichte eine Rolle? Wo befinden sie sich?
Was tun die Personen? Was fühlen und denken sie?

1 Sieh dir die Bilder genau an. Sammle passende Wörter und schreibe sie auf.

lernen, fleißig, Schule, Kinder, 3. Klasse,

Klassenzimmer

2 Wie könnte die Geschichte enden? Male den Schluss und sammle passende Wörter.

Eine Geschichte schreiben

→ Mithilfe einer Bildergeschichte kannst du dir eine zusammenhängende Geschichte ausdenken. Beschreibe dabei nicht nur die einzelnen Bilder, sondern überlege dir auch, was davor, dazwischen und danach geschieht.

Passende Adjektive (Wiewörter), **wörtliche Rede** und **Ausrufe** machen deine Erzählung **lebendig**. Beschreibe auch, was die Personen denken und fühlen. Jede Geschichte benötigt eine Überschrift. Sie soll kurz sein und auf den Text neugierig machen, aber nicht zu viel verraten.

1 Schreibe deine Geschichte ausführlich auf. Deine Stichpunkte auf den vorherigen Seiten helfen dir. Denke dir auch eine passende Überschrift aus.

Wortwiederholungen vermeiden

→ Eine Geschichte wird interessant, wenn du **abwechslungsreiche** Wörter verwendest. Dabei kann dir ein **Wortfeld** helfen. Wörter, die alle die gleiche oder eine ähnliche Bedeutung haben, gehören zu einem Wortfeld.

sehen: schauen gucken hinsehen entdecken bestaunen

1 Welche Wörter gehören zu dem Wortfeld **gehen** und welche zu dem Wortfeld **sagen**? Ordne sie zu. Vier Wörter bleiben übrig.

reden trinken rennen quatschen berichten
erklären erzählen flüstern schlendern spazieren
trippeln wandern schlafen laufen stapfen
marschieren essen rufen sprechen einkaufen

gehen: ______________________

____

sagen: ______________________

____

2 Ersetze das Wort **machen** durch passende Verben und schreibe die Sätze noch einmal auf.

Anton macht am Strand eine Sandburg.

____

Oma macht heute leckere Kartoffelsuppe.

____

Lea, machst du heute das Bild fertig?

____

Eine Wegbeschreibung notieren

→ Mithilfe einer **Wegbeschreibung** kannst du jemandem einen Weg beschreiben. Sie muss genau sein, damit das Ziel gefunden werden kann.

Gehe an der Ampel rechts. Überquere die Straße am Zebrastreifen und gehe rechts die Straße hinunter.

1 Schau dir die Karte und den eingezeichneten Weg genau an.

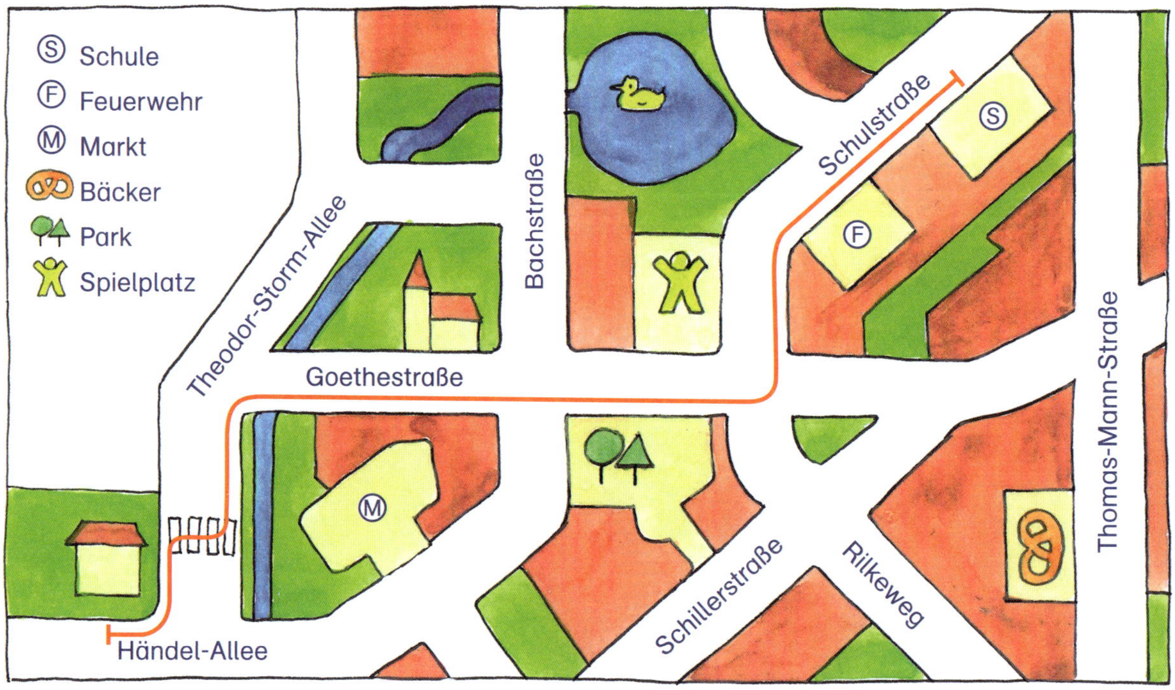

2 Ergänze die Wegbeschreibung. Tipp: Stelle dir vor, du läufst die Straße entlang, dann kannst du den Weg leichter beschreiben.

Überquere die Straße am ______________ und gehe nach ______________.

Gehe in die ______________. Dort kommst du an einer

______________ und einem ______________ vorbei. Biege an der

______________ links ein. Sie heißt ______________.

Dort sind ein ______________ und die ______________.

Nach wenigen Metern befindet sich die Schule auf der ______________ Seite.

Einen Steckbrief aufgeben

→ In einem **Steckbrief** werden oft Gegenstände oder Personen beschrieben, die verloren wurden oder vermisst werden. Die Gegenstände und Personen werden genau und sachlich beschrieben.

Bei einer **Personenbeschreibung** sind folgende Merkmale wichtig:
Geschlecht, Alter, Größe, Körperbau, Haarfarbe, Augen, besondere Kennzeichen.
Kleidung, Schuhe und Frisur einer Person können sich ändern und sind nur zu einem bestimmten Zeitpunkt wichtig.

1 Sieh dir die Personen genau an. Welche Begriffe passen zu welcher Person? Verbinde sie.

graues Haar

Kleid

Zöpfe

Brille

blondes Haar

Mütze

gelbe Strümpfe

Tennisschläger

Sportler

groß

Glatze

dick

Schnurrbart

Einen Steckbrief aufgeben

2 Schreibe den Steckbrief und beschreibe darin das Fahrrad genau.
Das Bild und die Wörter helfen dir.

schwarzer Sattel

Rahmen blau

mit schwarzem Schloss am Fahrradständer angeschlossen

Radmarke Violetta

Gepäckträger mit rotem Wimpel

Fahrradklingel rot

Fahrrad vermisst!

Wer hat mein Fahrrad gesehen? Ich vermisse es seit Montag. So sieht es aus:

____

____

____

____

____

____

____

Wenn du etwas weißt, dann melde dich bitte in der Klasse 3b. Danke für deine Mithilfe, Anneke.

Ein Kochrezept verfassen

→ Ein **Kochrezept** hilft dir beim Backen oder Kochen. Es erklärt dir, wie du das Gericht zubereiten musst. Zu Beginn werden die Zutaten aufgelistet. So kannst du leicht prüfen, ob du alles hast oder noch etwas besorgen musst. Bei einem Rezept ist es wichtig, dass die Reihenfolge der Arbeitsschritte genau erklärt wird.

1 Lies die Zutatenliste des Rezeptes. Schreibe dann die einzelnen Arbeitsschritte auf. Verwende die Befehlsform.

Obstsalat

Zutaten:

1 Ananas
1 Honigmelone
1 Banane

5–6 Erdbeeren
1 Apfel
10–15 Trauben

- waschen
- schälen
- schneiden
- füllen
- mischen

Eine Postkarte schreiben

→ **Postkarten** schreibt man aus vielen verschiedenen Gründen, zum Beispiel um Urlaubsgrüße und Einladungen zu verschicken. Du kannst sie an Verwandte, Freunde oder Brieffreunde schicken. Postkarten benötigen keinen Briefumschlag. Eine Postkarte besteht aus diesen Teilen:

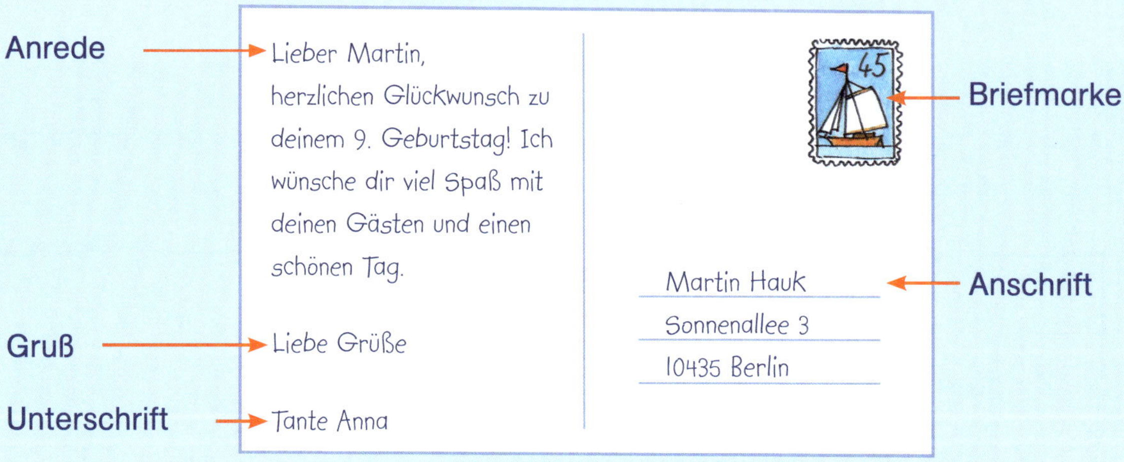

1 Tine schreibt ihrer Oma eine Postkarte aus dem Urlaub an der Ostsee und erzählt, was sie erlebt hat. Beschrifte die Postkarte mit der Adresse und schreibe die Postkarte. Denke dir selbst aus, was Tine erlebt hat.

Willibaldstraße 52	Elsa	20359 Hamburg	Schneider

Eine E-Mail schreiben

→ An einem Computer mit Internetzugang kannst du eine **E-Mail** schreiben.
Dazu brauchst du eine E-Mail-Adresse.
Jede E-Mail hat eine Betreff-Zeile. Diese Zeile und deine E-Mail-Adresse sieht der Empfänger zuerst.

E-Mail-Adresse: Sandro.Petro@mail.de
Betreff: Viele Grüße aus der Schule

1 Lies die E-Mail.

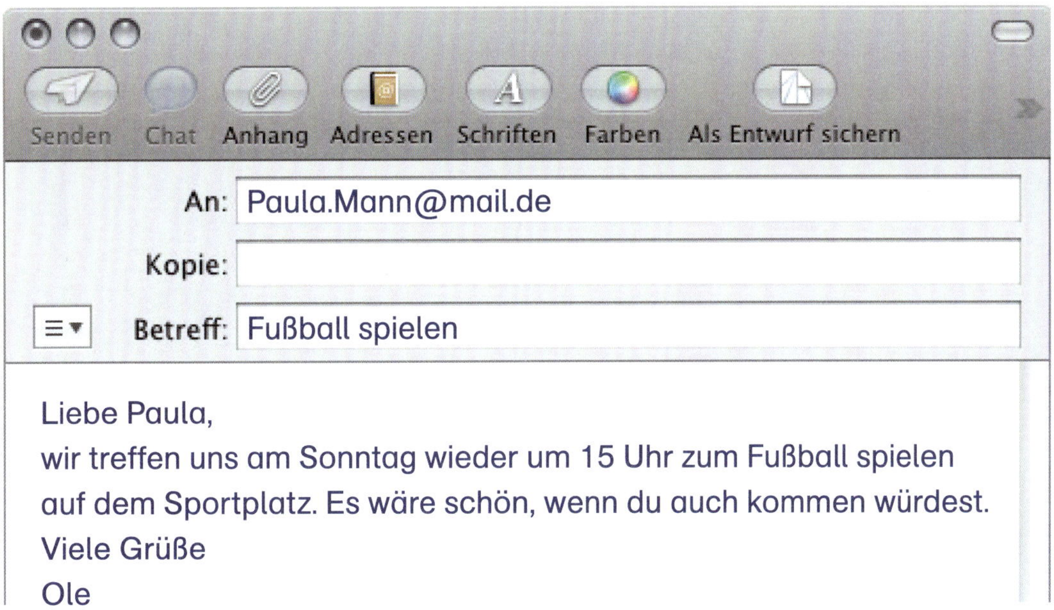
Senden Chat Anhang Adressen Schriften Farben Als Entwurf sichern

An: Paula.Mann@mail.de
Kopie:
Betreff: Fußball spielen

Liebe Paula,
wir treffen uns am Sonntag wieder um 15 Uhr zum Fußball spielen auf dem Sportplatz. Es wäre schön, wenn du auch kommen würdest.
Viele Grüße
Ole

2 Beantworte die Fragen.

Von wem wurde die E-Mail geschrieben?

____

Welchen Betreff hat der Absender in der E-Mail geschrieben?

____

Für wen ist die E-Mail?

____

Eine Einladung schreiben

→ Eine schriftliche **Einladung** informiert dich über eine Veranstaltung.
Einladungen geben Antworten auf diese Fragen:

Gastgeber:	Wer lädt dich ein?
Anlass:	Wozu bist du eingeladen?
Ort:	Wo findet die Feier statt?
Zeit:	Wann findet die Feier statt?

1 Lies dir die Notizen durch, die sich Anna notiert hat.

- Einladungen für: Moritz, Noah, Jana, Maja, Pia
- Donnerstag, 3. März
- Faschingsparty
- Beginn: 16 Uhr bei mir zu Hause
- Verkleidung nicht vergessen
- Schönstes Kostüm gewinnt einen Preis
- Ende: 19.30 Uhr

2 Schreibe die Einladung an eines der Kinder. Die Notizen helfen dir.

Papageien, Prinzessinnen und Piraten

Einladung zur Faschingsparty

Liebe ______________,

am Donnerstag ______________________________

FiT FÜR DIE SCHULE

Das musst du wissen!

Mathematik 3. Klasse

von Andrea Essers
Illustrationen von Guido Wandrey

Zahlen darstellen: Stellenwerttafel

→ In unserem **Zahlensystem** kannst du immer 10 zu einer größeren Einheit bündeln.

10 Einer (E) → 1 Zehner (Z)
10 Zehner (Z) → 1 Hunderter (H)
10 Hunderter (H) → 1 Tausender (T)

Du kannst jede Zahl zerlegen und in eine **Stellenwerttafel** eintragen.

T	H	Z	E
0	7	4	2

0 T 7 H 4 Z 2 E = 700 + 40 + 2 = 742

1 Trage die Zahlen in die Stellenwerttafel ein.

658

T	H	Z	E

204

T	H	Z	E

1 000

T	H	Z	E

2 Zerlege in E, Z, H und T und schreibe als ganze Zahl auf.

T	H	Z	E
0	3	1	9

0 T 3 H 1 Z 9 E = 300 + 10 + 9 = 319

T	H	Z	E
0	6	3	0

T	H	Z	E
0	1	4	5

T	H	Z	E
0	7	0	2

Zahlen ordnen und vergleichen

➔ Jede Zahl hat einen **Vorgänger** und einen **Nachfolger**.

Vorgänger **264** ← 265 → **266** Nachfolger

Den **Nachbarzehner** oder **Nachbarhunderter** einer Zahl erhältst du, wenn du bis zum nächsten vollen Zehner oder Hunderter vor- oder zurückgehst.

Nachbarzehner **260** ← 265 → **270** Nachbarzehner

Nachbarhunderter **200** ← 265 → **300** Nachbarhunderter

Zahlen kannst du miteinander **vergleichen** und der Größe nach ordnen:

427 **>** 326 **>** 257 545 **<** 618 **<** 779

1 Ergänze die fehlenden Nachbarzahlen.

Vorgänger	*641*		190		
Zahl	642	771			800
Nachfolger	*643*			295	

2 Ergänze die Nachbarzehner (NZ) oder Nachbarhunderter (NH).

NZ			
Zahl	857	428	609
NZ			

NH			
Zahl	274	596	315
NH			

3 Setze **<**, **>** oder **=** ein.

der Nachfolger von 598 ◯ das Doppelte von 300

der Vorgänger von 202 ◯ die Hälfte von 400

der Nachfolger von 499 ◯ die Hälfte von 1 000

Zahlen darstellen: Zahlenstrahl

→ Du kannst Zahlen auf einem **Zahlenstrahl** anordnen.

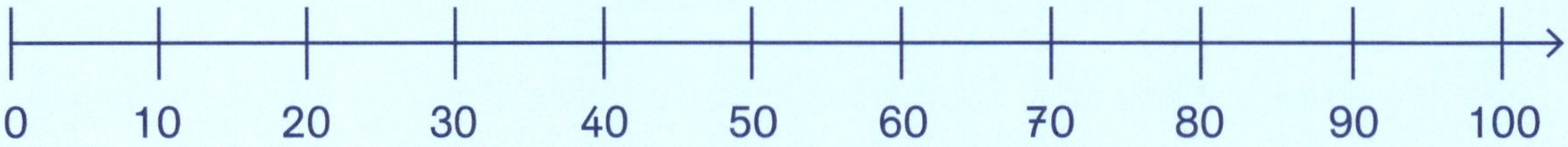

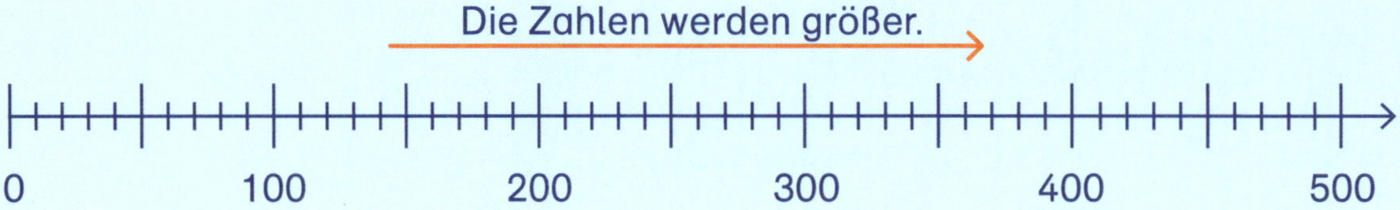

1 Welche Zahlen sind auf dem Zahlenstrahl markiert? Trage sie ein.

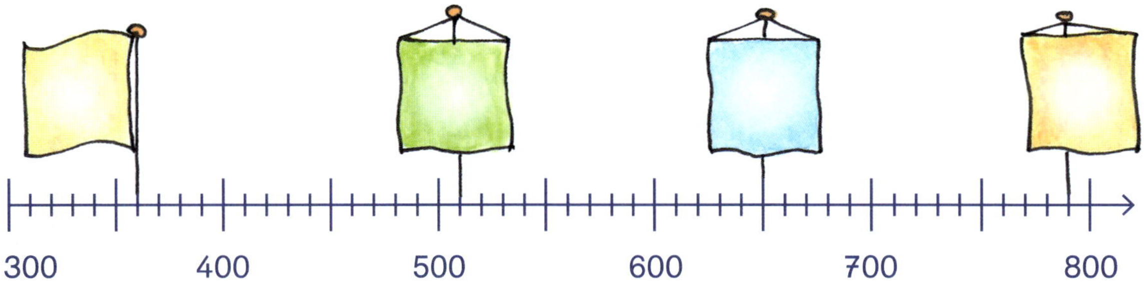

2 Verbinde die Zahlen mit ihrem Platz auf dem Zahlenstrahl.

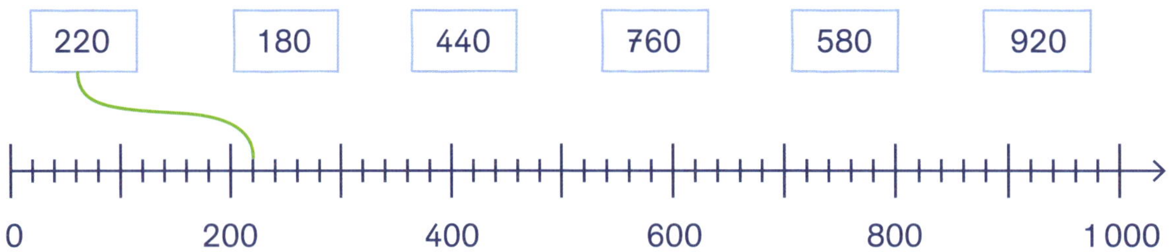

3 Zeichne einen Zahlenstrahl mit den Zahlen 550, 560, 570, 580, 590 und 600.

Zahlenfolgen bilden

➔ Zahlen können nach einer bestimmten Regel aufeinanderfolgen.
Um eine **Zahlenfolge** richtig weiterzuführen, musst du die Regel kennen.

6 (− 2) 4 (· 2) 8 (− 2) 6 (· 2) 12 (− 2) 10 Regel: − 2, · 2

1 Führe die Zahlenfolge richtig weiter.

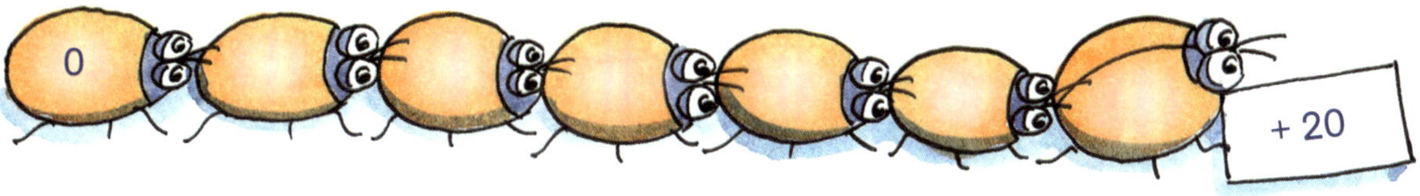

2 Finde die Regel heraus und führe die Zahlenfolge richtig weiter.

50 52 48 50 46 48 ____ ____ ____ ____

3 In dieser Zahlenfolge steckt ein Fehler. Finde die Regel und korrigiere den Fehler.

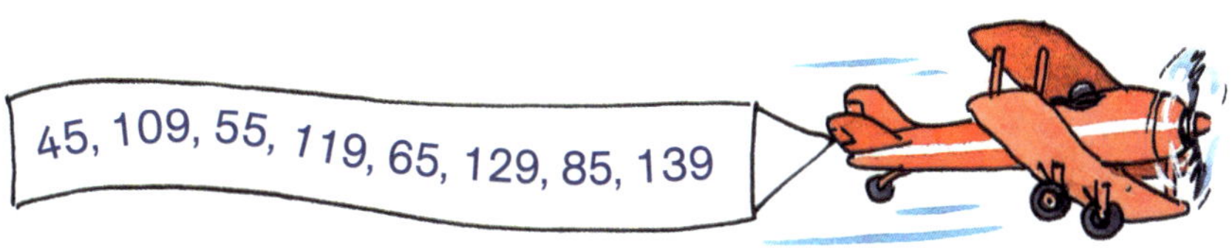

4 Ilka faltet ein Blatt Papier in der Mitte und erhält 2 Teile. Faltet sie es noch einmal, erhält sie 4 Teile. Beim dritten Falten sind es 8 Teile. Fülle die Tabelle fertig aus.

1-mal	2-mal	3-mal	4-mal	5-mal
2	4			

Zahlen runden

→ Zahlen kannst du **runden**. Rundest du auf den Hunderter, musst du auf die Zehnerstelle achten. Rundest du auf den Zehner, dann achte auf die Einerstelle.

0, **1**, **2**, **3**, **4**: Du rundest ab.   **5**, **6**, **7**, **8**, **9**: Du rundest auf.

236 gerundet:
auf den Zehner: **≈ 240**
auf den Hunderter: **≈ 200**

281 gerundet:
auf den Zehner: **≈ 280**
auf den Hunderter: **≈ 300**

1 Runde die Zahlen.

genaue Zahl	381	555	69	242	834	108	299
auf den Zehner	*380*						
auf den Hunderter	*400*						

2 Wie viel ist das ungefähr? Kreuze die richtige Antwort an.

Jakob hat 432 Cent-Stücke gesammelt.

☐ ≈ 430   ☐ ≈ 440   ☐ ≈ 500

991 Kinder sind beim Waldlauf an den Start gegangen.

☐ ≈ 900   ☐ ≈ 980   ☐ ≈ 1 000

Das Dorf Kleckshofen hat 765 Einwohner.

☐ ≈ 750   ☐ ≈ 760   ☐ ≈ 770

3 Welche Zahlen können auf die Zahl 460 gerundet werden?

____

Aufgaben überschlagen

→ Eine **Überschlagsrechnung** hilft dir beim Überprüfen eines Ergebnisses. Du rechnest dann mit gerundeten Zahlen. Auch wenn du schnell ein ungefähres Ergebnis brauchst, kannst du eine Rechnung überschlagen.

489 + 218 = 707

auf den Zehner gerundet: ≈ 490 + 220 = 710
auf den Hunderter gerundet: ≈ 500 + 200 = 700

1 Runde die Zahlen und überschlage die Aufgaben.

	auf den Zehner	auf den Hunderter
426 + 293 ≈	430 + 290 = 720	400 + 300 = 700
165 + 374 ≈		
682 + 106 ≈		
944 – 511 ≈		
747 – 125 ≈		
413 – 86 ≈		

2 Marlene hat im letzten Monat 3 Bücher gelesen. Das erste Buch hatte 226 Seiten, das zweite Buch 189 Seiten und das dritte sogar 364 Seiten. Wie viele Seiten hat sie ungefähr gelesen? Runde auf den Hunderter.

Rechnung:

Antwort: Marlene hat ungefähr ________ Seiten gelesen.

3 Welche Aufgabe wurde richtig gerechnet? Prüfe durch Überschlagen.

☐ 889 – 377 = 312 ☐ 543 + 389 = 732 ☐ 458 + 218 = 676

Halbschriftlich addieren

→ Große Zahlen kannst du **halbschriftlich addieren**.

1. Möglichkeit:
Du zerlegst die zweite Zahl und addierst Schritt für Schritt.

4	2	7	+	3	7	1	=			
4	2	7	+	3	0	0	=	7	2	7
7	2	7	+		7	0	=	7	9	7
7	9	7	+			1	=	7	9	8
4	2	7	+	3	7	1	=	7	9	8

2. Möglichkeit:
Du zerlegst beide Zahlen und addierst Schritt für Schritt.

4	2	7	+	3	7	1	=			
4	0	0	+	3	0	0	=	7	0	0
	2	0	+		7	0	=		9	0
		7	+			1	=			8
4	2	7	+	3	7	1	=	7	9	8

Bei beiden Rechenwegen kannst du auch zuerst die Einer, dann die Zehner und dann die Hunderter addieren.

1 Addiere halbschriftlich. Wähle einen Rechenweg.

3	9	2	+	2	4	8	=			
			+				=			
			+				=			
			+				=			
			+				=			

4	6	7	+	1	9	5	=			
			+				=			
			+				=			
			+				=			
			+				=			

1	5	9	+	6	8	6	=			
			+				=			
			+				=			
			+				=			
			+				=			

5	3	8	+	3	7	4	=			
			+				=			
			+				=			
			+				=			
			+				=			

4	3	2	+	3	8	1	=			
			+				=			
			+				=			
			+				=			
			+				=			

Halbschriftlich addieren

→ Beim **halbschriftlichen Addieren** kannst du Rechenvorteile nutzen.

563 + 390 =		
563 + 400 = 963		
963 − 10 = 953		
563 + 390 = 953		

257 + 98 =		
257 + 100 = 357		
357 − 2 = 355		
257 + 98 = 355		

1 Addiere halbschriftlich. Rechne vorteilhaft.

381 + 470 = ____

536 + 195 = ____

2 Luisa und Jan haben am Strand Muscheln für ihre Sandburg gesammelt. Jan hat 256 Muscheln in seinem Eimer, Luisa sogar 293. Wie viele haben sie zusammen? Rechne vorteilhaft.

Rechnung:

Antwort: ________________________________.

3 Löse das Rechenrätsel. Rechne vorteilhaft.

Addiere zum Nachfolger von 658 den Vorgänger von 200.

Diese Zahl heißt: __________.

Halbschriftlich subtrahieren

→ Das **Subtrahieren** mit großen Zahlen ist einfach, wenn du **halbschriftlich** rechnest. Du zerlegst die Zahl, die du abziehen willst, und rechnest Schritt für Schritt.

563	−	258	=		
563	−	200	=	363
363	−	50	=	313
313	−	8	=	305
563	−	258	=	305

Du kannst auch zuerst die Einer, dann die Zehner und zuletzt die Hunderter subtrahieren.

1 Subtrahiere halbschriftlich.

895	−	138	=	
	−		=	
	−		=	
	−		=	
	−		=	

526	−	494	=	
	−		=	
	−		=	
	−		=	
	−		=	

714	−	379	=	
	−		=	
	−		=	
	−		=	
	−		=	

482	−	293	=	
	−		=	
	−		=	
	−		=	
	−		=	

434	−	343	=	
	−		=	
	−		=	
	−		=	
	−		=	

Halbschriftlich subtrahieren

→ Auch beim **halbschriftlichen Subtrahieren** kannst du Rechenvorteile nutzen.

958 − 680 =	842 − 196 =
958 − 700 = 258	842 − 200 = 642
258 + 20 = 278	642 + 4 = 646
958 − 680 = 278	842 − 196 = 646

1 Subtrahiere halbschriftlich. Rechne vorteilhaft.

989 − 597 =

732 − 470 =

2 Von 673 Kindern sind 394 Jungen. Wie viele sind Mädchen? Rechne vorteilhaft.

Rechnung:

Antwort:

_____ Kinder sind Mädchen.

3 Ergänze die Rechenpyramide. Rechne einfache Aufgaben im Kopf.

Schriftlich addieren ohne Übertrag

→ Beim **schriftlichen Addieren** kannst du zwei oder mehrere Zahlen zusammenzählen. Achte beim Aufschreiben darauf, dass alle Zahlen stellengerecht untereinander stehen. Dann addierst du **von rechts nach links** jede Stelle einzeln und nacheinander.

	H	Z	E
	2	4	8
+	6	3	1
	8	7	9

8 E + 1 E = 9 E, schreibe 9
4 Z + 3 Z = 7 Z, schreibe 7
2 H + 6 H = 8 H, schreibe 8

	H	Z	E
	1	2	3
	2	3	4
+	6	0	1
	9	5	8

Mehrere Zahlen addierst du genauso.

1 Addiere schriftlich.

317	846	404	383	320	222
+ 271	+ 153	+ 265	+ 104	+ 438	+ 641
588	994	669	487	758	863

2 Ergänze die fehlenden Ziffern.

□38	□□5	1□9	671	□□□	401
+ 2□1	+ 32□	+ 79□	+ 1□4	+ 235	+ □□6
54□	876	□99	□8□	635	52□

Schriftlich addieren ohne Übertrag

3 Schreibe die Zahlen stellengerecht untereinander. Addiere sie schriftlich.

276 + 123

461 + 205

314 + 273

107 + 640

525 + 333

4 Schreibe die Zahlen stellengerecht untereinander und rechne schriftlich.

223 + 144 + 512

	2	2	3
	1	4	4
+	5	1	2

312 + 33 + 400

521 + 205 + 71

5 Zu einem großen Schwimmwettbewerb sind 213 Kinder aus Österreich, 241 Kinder aus Deutschland und 224 Kinder aus der Schweiz angereist. Wie viele Kinder sind insgesamt da? Rechne schriftlich.

Rechnung:

Antwort: Insgesamt sind __________ Kinder da.

Schriftlich addieren mit Übertrag

→ Wenn beim **schriftlichen Addieren** das Ergebnis in einer Spalte größer als 9 ist, rechnest du mit **Übertrag**. Mit dem Übertrag wechselst du von einer Stelle auf die nächsthöhere: 10 Einer werden zu 1 Zehner, 10 Zehner zu 1 Hunderter. Du schreibst den Übertrag unter die nächsthöhere Stelle und addierst ihn dort hinzu.

	H	Z	E
	4	9	8
+	3	4	7
	1	1	
	8	4	5
	↑	↑	↑

→ 8 E + 7 E = 15 E, 15 E werden zu 1 Z und 5 E, schreibe 5, Übertrag 1

→ 9 Z + 4 Z + 1 Z = 14 Z, 14 Z werden zu 1 H und 4 Z, schreibe 4, Übertrag 1

→ 4 H + 3 H + 1 H = 8 H, schreibe 8

1 Addiere schriftlich.

	3	5	7
+	2	7	1

	4	8	9
+		5	3

	4	0	7
+	3	6	4

	2	9	3
+	2	5	7

	1	9	0
+	1	3	6

	1	8	8
+	6	4	7

2 Wer hat richtig gerechnet? Prüfe die Aufgaben und kreuze an.

Ole

	4	5	6
+	2	9	4
	1		
	7	4	0.

☐

Mia

	3	7	8
+	5	4	1
	1		
	9	1	9

☐

Kurt

	4	3	9
+	3	9	5
	1	1	
	9	3	4

☐

Schriftlich addieren mit Übertrag

3 Überschlage im Kopf auf den Hunderter genau. Addiere dann schriftlich.

273 + 191 + 482 | 348 + 235 + 99 | 361 + 78 + 433

Ü: ______ | Ü: ______ | Ü: ______

4 Ergänze die fehlenden Ziffern. Notiere auch den Übertrag.

2 4 7	6 2 8	_ _ _	3 5 4	_ _ _	4 5 6
+ _ _ _	+ _ _	+ 3 9 5	+ 4 4 6	+ 1 8 3	+ _ _ _
1 1					
4 0 0	7 0 0	6 0 0	_ _ _	4 0 0	1 0 0 0

5 Anne und Lasse haben gewürfelt. Wer hat am Ende die meisten Punkte erreicht?

	1. Runde	2. Runde	3. Runde	Punkte gesamt
Anne	224 Punkte	297 Punkte	199 Punkte	
Lasse	276 Punkte	248 Punkte	198 Punkte	

Rechnung:

Antwort: Die meisten Punkte hat ______ erreicht.

Schriftlich subtrahieren ohne Übertrag

→ Beim **schriftlichen Subtrahieren** gibt es zwei mögliche Rechenwege:

1. Möglichkeit:
Beim **Abziehverfahren** ziehst du von der oberen Zahl die untere ab und rechnest von rechts nach links.

	H	Z	E
	6	5	8
−	2	4	7
	4	1	1

8 E − 7 E = 1 E, schreibe 1
5 Z − 4 Z = 1 Z, schreibe 1
6 H − 2 H = 4 H, schreibe 4

2. Möglichkeit:
Beim **Ergänzungsverfahren** ergänzt du von der unteren zur oberen Zahl und rechnest von rechts nach links.

	H	Z	E
	6	5	8
−	2	4	7
	4	1	1

7 E + 1 E = 8 E, schreibe 1
4 Z + 1 Z = 5 Z, schreibe 1
2 H + 4 H = 6 H, schreibe 4

1 Subtrahiere schriftlich.

875 − 432 = 443	968 − 857 = 111	526 − 124 = 402	731 − 221 = 510
428 − 402 = 026	999 − 666 = 333	238 − 125 = 113	697 − 435 = 262
817 − 513 = 304	589 − 67 = 522	767 − 331 = 436	835 − 103 = 732

2 Ergänze die fehlenden Zahlen.

8 7 5	☐ 6 3	☐ ☐ 9	5 9 ☐	☐ 4 5	☐ 7 ☐
− ☐ 3 ☐	− 7 ☐ ☐	− 3 0 8	− 4 ☐ 4	− 3 ☐ 4	− 2 ☐ 7
4 ☐ 3	2 1 0	3 1 ☐	☐ 4 3	2 ☐	5 3 0

3 Immer zwei gleichfarbige Teppiche bilden eine Subtraktionsaufgabe. Rechne aus.

4 >, < oder =? Rechne schriftlich und setze dann das passende Zeichen ein.

679 − 441 ◯ 599 − 383

857 − 314 ◯ 796 − 285

Schriftlich subtrahieren mit Übertrag

➔ Manchmal ist beim **schriftlichen Subtrahieren** in einer Spalte die untere Ziffer größer als die obere. Dann addierst du 10 zu der oberen Ziffer hinzu und schreibst einen **Übertrag**.

1. Möglichkeit:
Beim **Abziehverfahren** ziehst du den Übertrag von der oberen Ziffer ab.

	H	Z	E
		6	12
	8	~~7~~	2
−	4	6	8
	4	0	4

2 E − 8 E geht nicht,
wechsle 1 Z in 10 E:
streiche 7 Z, notiere 6 Z,
schreibe 12 E
12 E − 8 E = 4 E
schreibe 4

6 Z − 6 Z = 0 Z
schreibe 0

8 H − 4 H = 4 H
schreibe 4

2. Möglichkeit:
Beim **Ergänzungsverfahren** addierst du den Übertrag zu der unteren Ziffer hinzu.

	H	Z	E
	8	7	2
−	4	6	8
		1	
	4	0	4

8 E + ? = 2 E geht nicht,
wechsle 1 Z in 10 E:
8 E + 4 E = 12 E
schreibe 4, Übertrag 1

6 Z + 1 Z + 0 Z = 7 Z
schreibe 0

4 H + 4 H = 8 H
schreibe 4

1 Subtrahiere schriftlich. Achte dabei auf den Übertrag.

438 − 276 | 508 − 382 | 769 − 490 | 626 − 262

Schriftlich subtrahieren mit Übertrag

2 Überschlage auf den Zehner genau. Subtrahiere dann schriftlich.

673 – 238

Ü: ____________

548 – 399

Ü: ____________

873 – 546

Ü: ____________

3 Ergänze die fehlenden Zahlen. Rechne schriftlich.

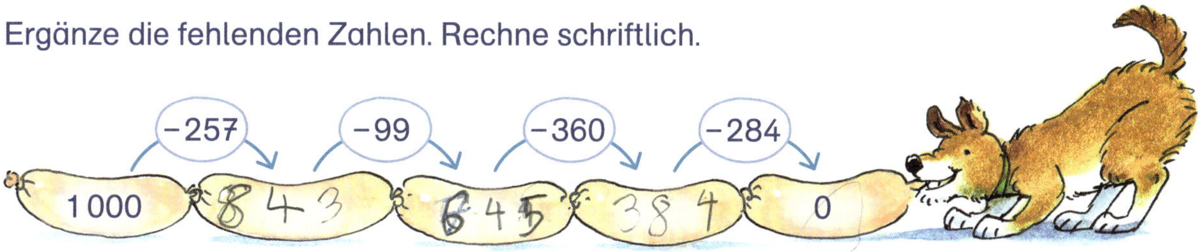

4 Löse das Rechenrätsel.

Achtung! Wer von 838 den Nachfolger der Zahl 587 subtrahiert und das Ergebnis halbiert, hat die gesuchte Zahl gefunden!

Gesuchte Zahl: ____

Multiplizieren und dividieren bis 100

1 Verbinde jede Aufgabe mit dem richtigen Ergebnis.

7 · 3 =   20   21   42   5 · 4 =   6 · 7 =   5 · 6 =   30

3 · 3 =   72   56   9   9 · 8 =   7 · 8 =

2 Rechne die Aufgaben im Kopf. Bei manchen bleibt ein Rest.

62 : 8 = ______	34 : 5 = ______	64 : 7 = ______
57 : 3 = ______	57 : 4 = ______	18 : 6 = ______
56 : 7 = ______	56 : 6 = ______	64 : 8 = ______
89 : 9 = ______	63 : 9 = ______	100 : 10 = ______

3 Das Kinderorchester hat einen Auftritt in der Nachbarstadt. Nun werden Eltern gesucht, die die 46 Kinder mit dem Auto dorthin bringen können. Wie viele Autos werden benötigt, wenn in jedem 3 Kinder mitfahren?

Rechnung:

Antwort: Es werden ______ Autos benötigt.

Multiplizieren mit Zehner- und Hunderterzahlen

→ Beim **Multiplizieren** mit **Zehner- und Hunderterzahlen** kannst du auf verschiedene Weise vorgehen.

4 · 20 = ?   4 · 200 = ?

1. Möglichkeit:
Du rechnest zuerst die **leichte Aufgabe**.

4 · 2 = 8
4 · 20 = 80
4 · 200 = 800

2. Möglichkeit:
Du **zerlegst** den Zehner oder den Hunderter.

4 · 2 Z = 8 Z = 80
oder
4 · 2 · 10 = 8 · 10 = 80

4 · 2 H = 8 H = 800
oder
4 · 2 · 100 = 8 · 100 = 800

1

Finde die Lösung, indem du zuerst die leichte Aufgabe rechnest.

6 · 50 = 300   4 · 80 = ____   5 · 20 = ____

6 · 5 = 30   4 · ____ = ____   5 · ____ = ____

2

Löse die Aufgaben, indem du die Zehner und Hunderter zerlegst.

3 · 60 = ____   5 · 200 = ____

3 · 6 Z = 18 Z = ____   5 · 2 H = ____ = ____

3

Ergänze die fehlenden Zahlen.

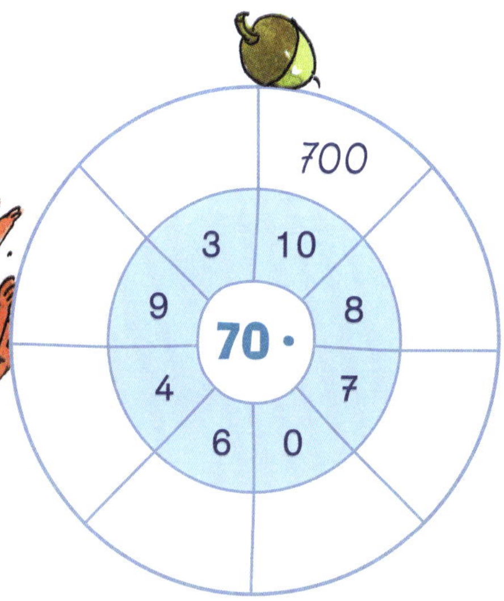

Halbschriftlich multiplizieren

➔ Große Zahlen kannst du **halbschriftlich multiplizieren**. Dazu zerlegst du zuerst die größere Zahl und multiplizierst die Teilzahlen. Dann addierst du die Teilergebnisse.

3	6	·	4	=			
3	0	·	4	=	1	2	0
	6	·	4	=		2	4
3	6	·	4	=	1	4	4

2	1	4	·	3	=			
2	0	0	·	3	=	6	0	0
	1	0	·	3	=		3	0
		4	·	3	=		1	2
2	1	4	·	3	=	6	4	2

Du kannst auch erst die E, dann die Z und dann die H multiplizieren.

Du kannst auch einen kürzeren Rechenweg wählen:

36 · 4 = 120 + 24 = 144

214 · 3 = 600 + 30 + 12 = 642

1 Multipliziere halbschriftlich. Rechne ausführlich.

48 · 7 =

34 · 9 =

196 · 5 =

2 Löse das Rechenrätsel.

Finde die Lösung!
Addiere 98 und 89
und multipliziere das
Ergebnis mit 5.

Lösung: ________.

3 Multipliziere halbschriftlich. Wähle den verkürzten Rechenweg.

54 · 3 = 150 + 12 = ______

35 · 7 = ______

99 · 4 = ______

27 · 8 = ______

74 · 5 = ______

62 · 8 = ______

46 · 9 = ______

105 · 2 = ______

4 **>**, **<** oder **=**? Rechne und setze dann das passende Zeichen ein.

48 · 3 ◯ 89 + 48 　　　 465 − 100 ◯ 46 · 8

5 Frau Kolle arbeitet in einem kleinen Zeitungsladen. Morgens räumt sie die Tageszeitungen in die 16 Fächer des Zeitungsständers. In ein Fach passen 8 Zeitungen. Als alle Fächer voll sind, legt sie noch 6 Zeitungen an die Kasse. Wie viele Zeitungen hat sie im Laden verteilt?

Rechnung:

Antwort: ______.

Dividieren mit Zehner- und Hunderterzahlen

→ Beim **Dividieren** mit **Zehner- und Hunderterzahlen** kannst du so vorgehen:

80 : 4 = ? 800 : 4 = ?

Du streichst die Nullen bei der ersten Zahl und rechnest die einfache Aufgabe. Beim Ergebnis fügst du die Nullen wieder hinzu:

8 : 4 = 2

80 : 4 = 20

800 : 4 = 200

250 : 50 = ?

Wenn beide Zahlen eine Null am Ende haben, streichst du sie bei beiden Zahlen und rechnest die einfache Aufgabe:

25 : 5 = 5, also auch 250 : 50 = 5

Du kannst auch die zweite Zahl zerlegen:

250 : 10 : 5 = 5, also 250 : 50 = 5

1 Rechne die Aufgaben.

60 : 6 = ______ 90 : 3 = ______ 100 : 10 = ______

600 : 60 = ______ 900 : 30 = ______ 1 000 : 100 = ______

2 Rechne die Aufgaben.

420 : 7 = ______ 810 : 9 = ______ 240 : 30 = ______

720 : 80 = ______ 360 : 4 = ______ 640 : 8 = ______

50 : 5 = ______ 360 : 60 = ______ 450 : 90 = ______

3 Ergänze die fehlenden Zahlen.

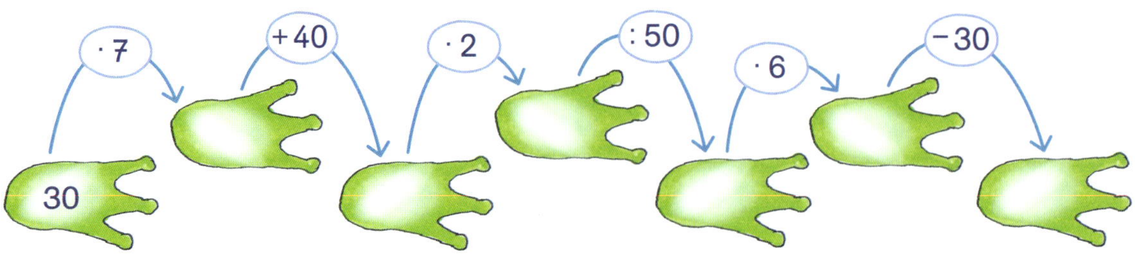

Halbschriftlich dividieren ohne Rest

→ Große Zahlen kannst du **halbschriftlich dividieren**. Du zerlegst die erste Zahl in zwei oder mehr Teilzahlen, die sich leicht dividieren lassen. Dann rechnest du Schritt für Schritt. Zum Schluss addierst du die Teilergebnisse.

532 : 4 =	
400 : 4 =	100
120 : 4 =	30
12 : 4 =	3
532 : 4 =	133

Umkehraufgabe als Probe:

133 · 4 =	
100 · 4 =	400
30 · 4 =	120
3 · 4 =	12
133 · 4 =	532

1 Dividiere halbschriftlich.

84 : 6 =

68 : 4 =

75 : 3 =

639 : 3 =

294 : 7 =

2 Überschlage im Kopf und finde die passende Umkehraufgabe.

232 : 8 =

24 · 8 =

74 · 6 =

29 · 8 =

192 : 8 =

384 : 6 =

444 : 6 =

64 · 6 =

Halbschriftlich dividieren mit Rest

→ Auch bei **Divisionsaufgaben mit Rest** kannst du halbschriftlich rechnen.
Du zerlegst die erste Zahl in Teilzahlen und schreibst den **Rest** (**R**) auf.

321 : 6 =
300 : 6 = 50
21 : 6 = 3 R 3
321 : 6 = 53 R 3

Probe:

53 · 6 = 318
318 + 3 = 321

1 Dividiere halbschriftlich.

99 : 8 =

67 : 5 =

157 : 3 =

437 : 6 =

2 Stimmen die Ergebnisse? Rechne die Probe und streiche falsche Ergebnisse durch.

387 : 6 = 64 R 3

643 : 7 = 92 R 6

3 Rechne die Aufgaben. Es kann ein Rest bleiben.

231 : 7 = ______ 175 : 3 = ______ ______ : 6 = 94 R 3

4 Ein Restaurant bekommt 108 Getränkekisten geliefert. Der Fahrer lädt die Kisten ab und bringt sie hinein. Er packt immer 8 Kisten auf eine Karre. Wie oft muss er insgesamt mit der Karre fahren?

Rechnung:

Antwort: Er muss ______ -mal fahren.

5 Löse das Rechenrätsel.

Nimm die Zahl 8, multipliziere sie mit 6, addiere 59 hinzu, ziehe 3 ab und teile das Ganze wieder durch 8. Wie lautet meine geheime Zahl?

Geheime Zahl: ______

Mit Zeiteinheiten umgehen

→ **Zeitangaben** können in verschiedenen **Einheiten** stehen:
Jahr, Monat, Woche, Tag, Stunde (h), Minute (min) und Sekunde (s).

1 Jahr = 12 Monate
1 Jahr = 365 oder 366 Tage
1 Monat = 28, 29, 30 oder 31 Tage
1 Woche = 7 Tage

1 Tag = 24 Stunden
1 Stunde = 60 Minuten
1 Minute = 60 Sekunden

1 Was dauert wie lange? Ordne die passende Zeitangabe zu.

15 Minuten	3 Monate	5 Tage	90 Minuten
30 Tage	1 Sekunde	24 Stunden	20 Sekunden

ein Augenaufschlag: ____________________

Händewaschen: ____________________

der 24. Dezember: ____________________

der Sommer: ____________________

eine Schulwoche: ____________________

ein Fußballspiel: ____________________

der Monat Juni: ____________________

eine viertel Stunde: ____________________

2 Schreibe das genaue Datum auf.

Kati guckt auf den Kalender: Heute ist Dienstag, der 23. Mai. Vor genau einer Woche hatte sie Geburtstag. Das war am ____________________. Letzten Sonntag fand ihre Geburtstagsparty statt. Das war am ____________________. Ihr Vater hat in 10 Tagen Namenstag. Das ist am ____________________. Katis Freundin kommt am Freitag zu Besuch. Das ist am ____________________.

Zeitangaben umwandeln und vergleichen

1 Wandle in die vorgegebene Einheit um.

6 min = ____ s   346 s = ____ min ____ s   215 min = ____ h ____ min

$\frac{1}{2}$ min = ____ s   138 s = ____ min ____ s   412 min = ____ h ____ min

15 min = ____ s   254 s = ____ min ____ s   144 min = ____ h ____ min

2 **>**, **<** oder **=**? Setze das passende Zeichen ein.

186 s ◯ 3 min   7 h 15 min ◯ 380 min   3 Tage 3 h ◯ 75 h

59 h ◯ $2\frac{1}{2}$ Tage   5 min ◯ 200 s   44 Monate ◯ $3\frac{1}{2}$ Jahre

135 min ◯ 2 h 10 min   49 Tage ◯ 7 Wochen   89 s ◯ 1 min 30 s

3 Marika hat ein Zahlenrätsel in 73 s gelöst, Finn hat dafür 1 min 28 s gebraucht. Fabian hat das Ergebnis nach 1 min 14 s gefunden. Anne war 9 s schneller als Finn. Wer war am schnellsten, wer am langsamsten?

Marika: ____ s   Finn: ____ s   Fabian: ____ s   Anne: ____ s

Antwort: Am schnellsten war ________ . Am langsamsten war ________ .

4 Verbinde die Raumschiffe nach der Größe der Angaben. Beginne mit der kleinsten. Wie heißt das Lösungswort?

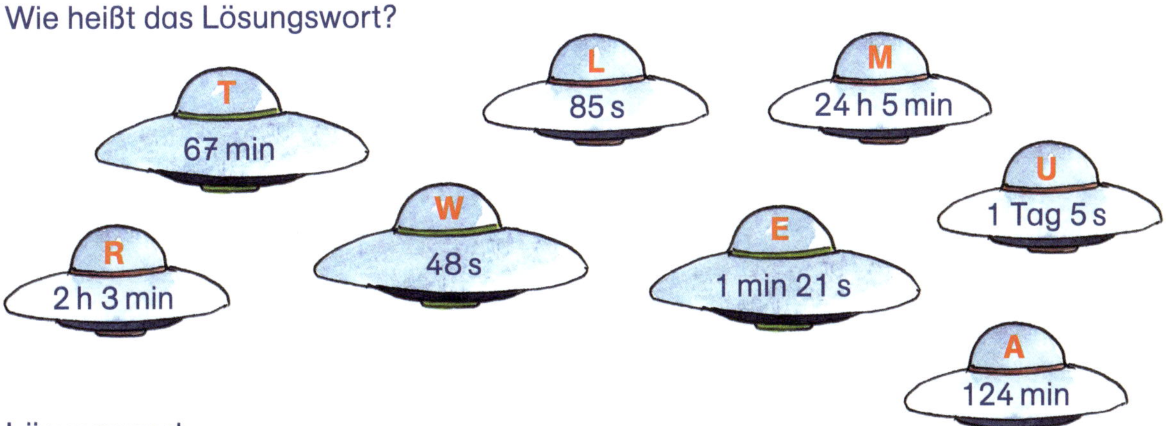

Lösungswort: ___ ___ ___ ___ ___ ___ ___ ___

Zeitpunkt und Zeitspanne ermitteln

→ Der **Zeitpunkt** sagt dir, **wann** etwas passiert.
Die **Zeitspanne** oder die **Zeitdauer** gibt an, **wie lange** etwas dauert.

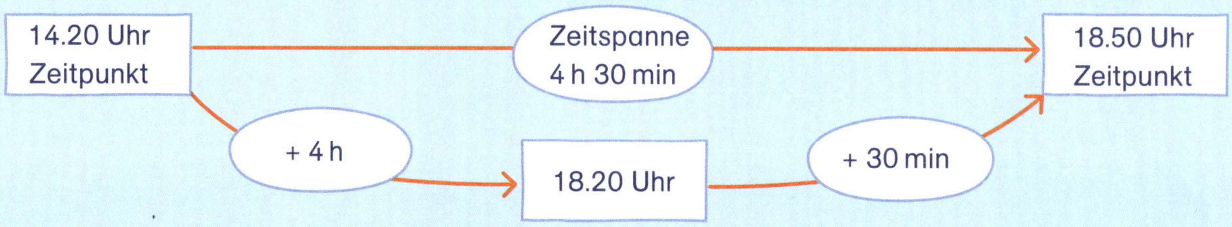

Du kannst Zeitpunkt und Zeitspanne auch verkürzt aufschreiben:

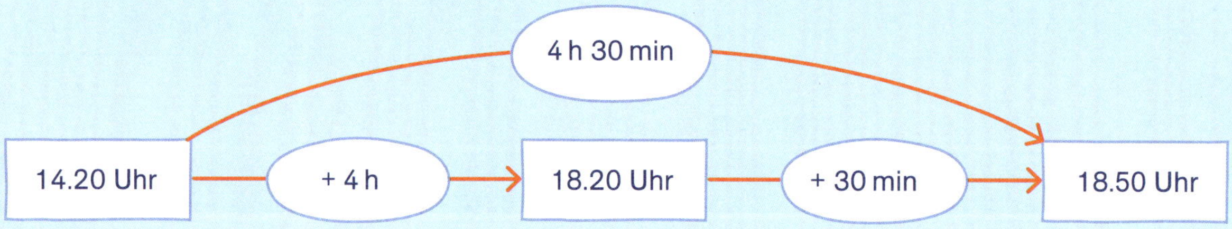

1 Ergänze die fehlenden Angaben.

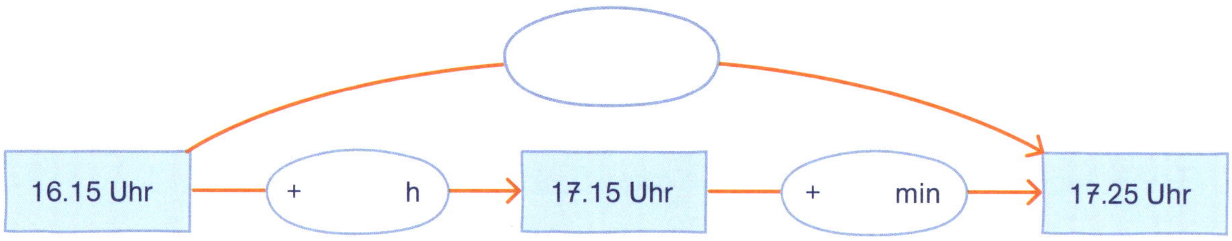

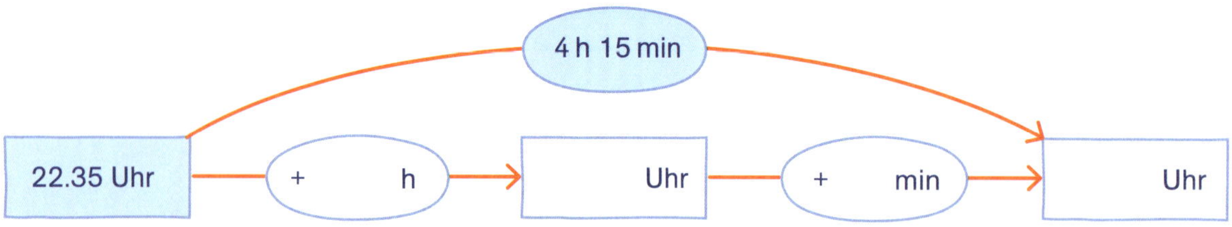

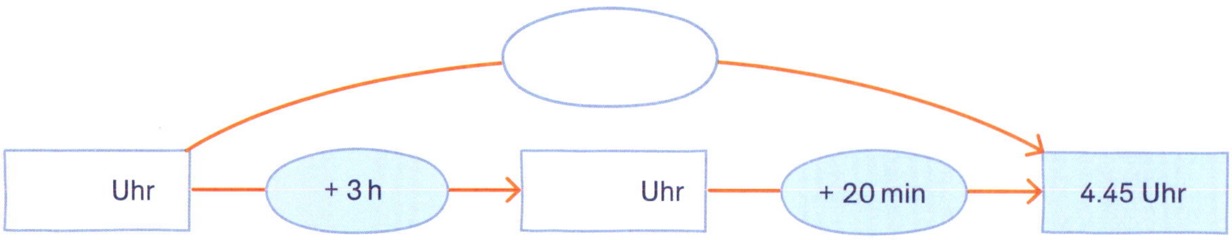

Zeitpunkt und Zeitspanne ermitteln

2 Ergänze die Angaben zu den Flugzeiten.

Strecke	München – Paris	Hamburg – Athen	Frankfurt – Zürich	Hamburg – Rom	Frankfurt – Lissabon
Start	15.25 Uhr	8.45 Uhr	19.40 Uhr		19.35 Uhr
Landung	16.50 Uhr			7.40 Uhr	22.20 Uhr
Dauer		5 h 10 min	50 min	3 h 30 min	

3 Frau Schnell muss um 14.30 Uhr am Frankfurter Hauptbahnhof sein. Alle S-Bahnen brauchen bis dorthin 28 Minuten. Welche muss sie spätestens nehmen?

Rechnung:

Abfahrt	S-Bahn
13.21 Uhr	S 2
13.35 Uhr	S 5
13.48 Uhr	S 3
14.06 Uhr	S 6

Antwort: Sie muss spätestens die S ______ nehmen.

4 Paul steht um 6.54 Uhr auf. 38 Minuten später verlässt er das Haus. Bis zur Haltestelle braucht er 8 Minuten. Wie lange muss er hier noch auf den Bus warten, wenn dieser pünktlich um 7.45 Uhr kommt?

Rechnung:

Antwort: ____.

Mit Geldbeträgen umgehen

→ Für **Geldbeträge** gibt es verschiedene Schreibweisen:

8 € 43 ct = 843 ct = 8,43 €

1 Schreibe die Beträge als Kommazahl.

					Kommazahl
4	2	6	3	5	426,35 €
8	–	–	9	5	800,95 €
–	7	–	3	2	70,32 €
3	–	–	9	4	300,94 €

2 Was kostet wie viel? Verbinde die Preise mit den passenden Gegenständen.

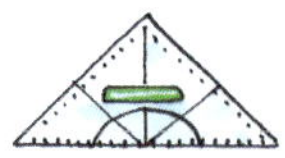

29,99 €

0,80 €

1,49 €

499,00 €

9,90 €

Geldbeträge umwandeln und vergleichen

1 Schreibe die Beträge in Kommaschreibweise auf.

423 € 60 ct = ________ € 755 ct = ______ € 60 € 8 ct = ________ €

74 € 4 ct = ________ € 805 ct = ______ € 37 ct = ________ €

50 € 50 ct = ________ € 540 ct = ______ € 1 000 ct = ________ €

2 Wandle die Eurobeträge um.

7,67 € = ____ € ____ ct = ______ ct 8,00 € = ____ € ____ ct = ______ ct

5,60 € = ____ € ____ ct = ______ ct 4,05 € = ____ € ____ ct = ______ ct

9,99 € = ____ € ____ ct = ______ ct 10,01 € = ____ € ____ ct = ______ ct

3 Ist genug Geld im Geldbeutel, um den Preis zu bezahlen? Kreuze an.

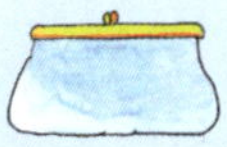	Preis		
4 € 37 ct	4,73 €		X
888 ct	8,80 €		
448 ct	44,40 €		
56 € 7 ct	56,70 €		
105 ct	10 € 5 ct		

4 Verbinde die Geldbeträge der Größe nach. Beginne mit dem kleinsten.

210 ct 212 ct 12 € 12 ct

2 € 1 ct 20,01 € 20 € 10 ct

Mit Geldbeträgen rechnen

→ Vor dem **Rechnen mit Geldbeträgen** musst du alle Werte in die gleiche Einheit **umwandeln**. Du kannst mit Centbeträgen oder mit Kommazahlen rechnen. Beim schriftlichen **Addieren** und **Subtrahieren** stehen die Kommas genau untereinander.

```
  24,16 €        28,58 €
+ 13,23 €      - 15,24 €
---------      ---------
  37,39 €        13,34 €
```

Beim **halbschriftlichen Multiplizieren** rechnest du die Euro- und die Centbeträge einzeln. Beim **halbschriftlichen Dividieren** wandelst du am besten in Cent um.

```
8,10 € · 4 =
-----------------------
8 €     · 4 = 32 €
10 ct   · 4 = 40 ct
-----------------------
32 € + 40 ct = 32,40 €
```

```
3,90 € : 3 =
-----------------------
390 ct : 3 =
300 ct : 3 = 100 ct
 90 ct : 3 =  30 ct
-----------------------
100 ct + 30 ct = 130 ct = 1,30 €
```

1 Rechne schriftlich mit Kommazahlen.

48,57 € + 324 ct | 289 ct + 175,42 € | 132,45 € + 645,19 €

89,58 € − 36,52 € | 475,63 € − 219,09 € | 456,28 € − 456 ct

2 Rechne halbschriftlich.

15,10 € · 8 567 ct : 9

3 Jona und Kai wollen neues Baumaterial für ihr Baumhaus kaufen. Jona hat 24,16 € gespart. Kai hat 19,37 €. Jonas Opa gibt den Jungen noch 30 € dazu. Wie viel Geld haben die beiden jetzt?

Rechnung:

Antwort: ______________________________.

Die Jungen kaufen für 64,89 € Baumaterial.
Wie viel Geld bleibt übrig?

Rechnung:

Antwort: ______________________________.

Mit Längenangaben umgehen

→ **Längen** kommen in verschiedenen **Maßeinheiten** vor: in Kilometer (km), Meter (m), Zentimeter (cm) oder Millimeter (mm).

1 km = 1 000 m   1 m = 100 cm   1 cm = 10 mm

Längenangaben kannst du in **Kommaschreibweise** angeben:

6 m 28 cm = 6,28 m   4 cm 7 mm = 4,7 cm

1 Welche Länge oder Höhe passt? Schätze und kreuze an.

ein Schulranzen:	☐ etwa 40 mm	☐ etwa 40 cm	☐ etwa 4 m
ein Marienkäfer:	☐ etwa 16 cm	☐ etwa 6 mm	☐ etwa 60 mm
eine Sonnenblume:	☐ bis zu 300 cm	☐ bis zu 300 m	☐ bis zu 300 mm
eine alte Eiche:	☐ 30 bis 50 m	☐ 30 bis 50 cm	☐ 3 bis 5 km

2 Miss die Striche mit deinem Lineal und schreibe die Länge auf.

3 Zeichne die Längen mit deinem Lineal.

5 cm:

4 cm 6 mm:

28 mm:

9,1 cm:

Längenangaben umwandeln und vergleichen

1 Schreibe in Kommaschreibweise.

9 m 50 cm = 9,50 m | 25 cm 5 mm = 25,5 cm | 8 m 24 cm = 8,44 m

9 cm 6 mm = 9,6 cm | 80 cm 3 mm = 80,3 cm | 7 m 4 cm = 7,4 m

2 Wandle in die vorgegebene Einheit um.

m	cm
4,65 m	465
2,03 m	203
6,98	698 cm
8,88	888 cm
4,6	46 cm
8 m	800cm

cm	mm
4,1 cm	41
9,9	99 mm
7,88	788 mm
11,7 cm	117
2,05	205 mm
2	7 mm

3 >, < oder =? Setze das passende Zeichen ein.

489 m (<) 3,5 km | 5,5 km (>) 550 m | 1 000 cm (=) 10 m

2,34 m (=) 234 cm | 808 mm (=) 80 cm | 54 cm (=) 5,4 m

9,9 m (=) 99 cm | 44,5 cm (>) 454 mm | 7,8 m (=) 780 mm

4 Ordne die Längenangaben der Größe nach.

80,2 m	820 mm	802 cm	8,2 cm	28 mm

28mm (<) 8,2cm (<) 820mm (<) 802cm (<) 80,2m

Mit Längenangaben rechnen

→ Beim **Rechnen mit Längenangaben** musst du zuerst alle Angaben in die gleiche Einheit **umwandeln**.

5,64 m + 125 cm = ?

1. Möglichkeit:
Du kannst in die kleinere Einheit umwandeln:

	5	6	4	c	m
+	1	2	5	c	m
	6	8	9	c	m

2. Möglichkeit:
Du kannst in die größere Einheit umwandeln und mit Komma rechnen:

	5,	6	4	m
+	1,	2	5	m
	6,	8	9	m

1 Ergänze die fehlenden Zahlen.

27 cm + ______ cm = 1 m

56 cm + ______ cm = 1 m

18 cm + ______ cm = 0,5 m

437 m + ______ m = 1 km

289 m + ______ m = 1 km

46 cm + ______ cm = 0,5 m

2 Wandle in Kommaschreibweise um und rechne schriftlich.

16,25 m + 4 m 16 cm

458 m + 16,20 m

75,62 m – 4 m 18 cm

89,06 m – 29 m 32 cm

3 Rechne halbschriftlich.

91 cm · 3

920 cm : 4

4 Suse, Emma, Maja und Luise wollen aus einem 9 m langen Seil Springseile machen. Jede soll ein gleichlanges Stück erhalten. Wie viele Meter sind die Stücke lang?

Rechnung:

Antwort: ______________________________.

5 Milan und Justus haben aufgeschrieben, wie weit sie am Wochenende Rad gefahren sind. Wer ist weiter gefahren?

	Justus	Milan
Freitag	4,3 km	3,2 km
Samstag	14,9 km	8,3 km
Sonntag	6,2 km	13,5 km

Rechnung:

Antwort: ______________________________.

Mit Gewichtsangaben umgehen

→ **Gewichte** kannst du in verschiedenen **Maßeinheiten** angeben:
in Tonnen (t), Kilogramm (kg) oder Gramm (g).

1 t = 1 000 kg　　　　1 kg = 1 000 g

Mit **Gewichtssätzen** kannst du ein Gewicht genau auswiegen:

1 g　2 g　5 g　10 g　20 g　50 g　100 g　200 g　500 g　1 kg

1 Was ist ungefähr wie schwer? Verbinde.

1 t　　1 g　　80 kg　　5 kg　　200 kg

2 Mit welchen Einzelgewichten kannst du die Gewichte aufwiegen?
Verwende möglichst wenige Gewichte.

Gewicht	500 g	200 g	100 g	50 g	20 g	10 g	5 g	2 g	1 g
361 g	–	1	1	1	–	1	–	–	1
816 g	1	1	1	–	–	1	1	–	1
453 g	–	1	2	1	–	–	–	1	1
648 g	1	–	1	–	2	–	–	1	1
278 g	–	1	–	1	1	–	1	1	1
999 g	1	1	1	2	3	2	~~4~~ 2	1	1

Gewichtsangaben umwandeln und vergleichen

→ Für **Gewichtsangaben** gibt es verschiedene Schreibweisen.

8 kg 735 g = 8,735 kg   3 t 398 kg = 3,398 t

Wenn du Gewichtsangaben miteinander vergleichen möchtest, wandelst du sie zuerst in die gleiche Einheit um.

1 Ergänze die fehlenden Angaben.

g	1 253 g				720 g
kg und g			1 kg 350 g	1 kg 80 g	
kg		1,001 kg			

2 Stimmt das? Kreuze die richtigen Aussagen an.

- ☐ 5 kg Äpfel sind schwerer als 500 g Trauben.
- ☐ 1 000 g Fisch sind leichter als 10 kg Fleisch.
- ☐ 20 g Zucker sind genauso schwer wie 0,200 kg Salz.
- ☐ 0,750 kg Honig sind schwerer als 750 g Marmelade.
- ☐ 850 g Mehl sind schwerer als 85 kg Getreide.

3 Wandle in kg um und ordne die umgewandelten Angaben der Größe nach.

6 kg 500 g = ________ kg   6 kg 65 g = ________ kg

650 g = ________ kg   60 kg 5 g = ________ kg

________ < ________ < ________ < ________

Mit Gewichtsangaben rechnen

→ Du kannst mit **Gewichtsangaben** genau wie mit Längen- oder Geldangaben **rechnen**. Dabei musst du darauf achten, dass die Angaben immer in der gleichen Maßeinheit stehen.

1 kg – 734 g = 1 000 g – 734 g = 266 g

1 Wie viel fehlt? Ergänze auf das angegebene Gewicht.

1 kg	
36 g	64g.
467 g	533
997	3 g
444	556 g
309 g	691
150	850 g

1 t	
815 kg	185
	905 kg
431 kg	
	98 kg
610 kg	
	5 kg

2 Wandle in Kommaschreibweise um und rechne schriftlich.

8,500 kg + 3 kg 600 g | 14 kg 250 g + 20 kg 300 g | 5,125 kg + 800 g

8,600 kg – 2 kg 800 g | 25 kg – 4,750 kg | 36 kg 50 g – 14 kg 200 g

Mit Gewichtsangaben rechnen

3 Leo, Kim und Lisa waren einkaufen. Wie schwer sind ihre Einkäufe?

Leo

250 g

379 g

200 g

insgesamt: ________ g

Kim

423 g

417 g

insgesamt: ________ g

Lisa

600 g

119 g

125 g

125 g

insgesamt: ________ g

Rechnung:

4 Livia möchte eine Pizza backen. Für 4 Personen braucht sie 820 g Tomaten, 300 g Champignons, 130 g Salami, 250 g Käse, 60 g Oliven, 1 Paprika und 2 Teelöffel Oregano. Wie viel braucht sie für 8 und für 2 Personen?

Rechnung:

			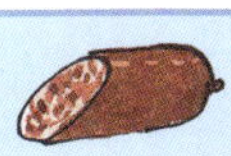				
8 Pers.							
2 Pers.							

Mit Tabellen arbeiten

→ **Tabellen** helfen dir, bei großen Datenmengen den Überblick zu behalten. Du kannst Informationen schnell daraus entnehmen. In einer Tabelle kannst du auch Zusammenhänge darstellen.

In eine Tüte passen 4 Orangen. Wie viele passen dann in 3 Tüten?

Anzahl der Tüten	1	3
Anzahl der Orangen	4	12

Du rechnest: 3 Tüten · 4 Orangen = 12 Orangen

1

In der Tabelle siehst du, wie viele Kinder sich zu welchen Ferienkursen angemeldet haben. Lies die Daten aus der Tabelle ab und kreuze die richtigen Aussagen an.

Kurs	Kochen für Kids	Selbstverteidigung	Instrumente basteln	Baumhaus bauen	Tanzen lernen
Jungen	15	18	13	19	7
Mädchen	24	17	9	7	18

- ☐ Bei „Baumhaus bauen" machen die meisten Jungen mit.
- ☐ „Tanzen lernen" und „Instrumente basteln" haben gleich viele Teilnehmer.
- ☐ Insgesamt haben sich mehr Jungen als Mädchen angemeldet.
- ☐ „Kochen für Kids" hat die meisten Teilnehmer.

2

In einer Schachtel sind 16 Pralinen. Wie viele Pralinen sind in 2, 3, 5, 10 und 15 Schachteln? Ergänze die Tabelle.

Schachteln	1	2	3	5	10	15
Pralinen	16					

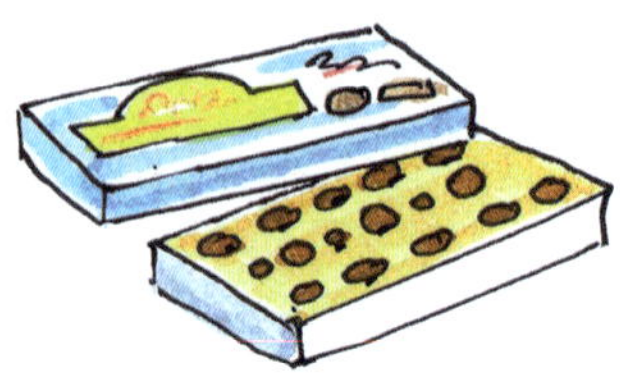

Mit Diagrammen arbeiten

➔ In **Diagrammen** können Daten und Informationen anschaulich dargestellt werden. Es gibt verschiedene Diagramme:

Säulendiagramm

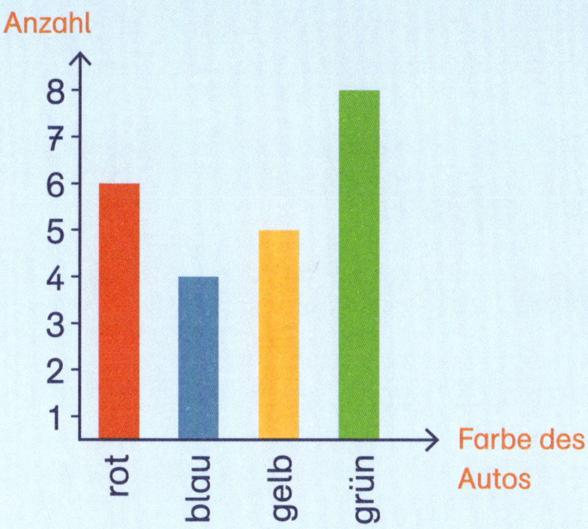

Balkendiagramm

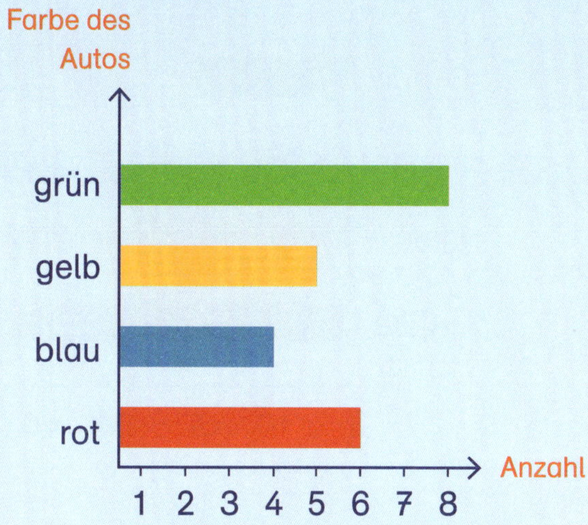

1 Das Säulendiagramm zeigt die ungefähre Größe verschiedener Tiere in Zentimeter. Sieh es dir genau an und beantworte die Fragen.

Welches Tier ist das größte?

Giraffe

Welches Tier ist das kleinste?

Tiger

Welche Tiere sind gleich groß?

Orangutan,
Nilpferd

Welches Tier ist etwa 150 cm kleiner als der Elefant?

270

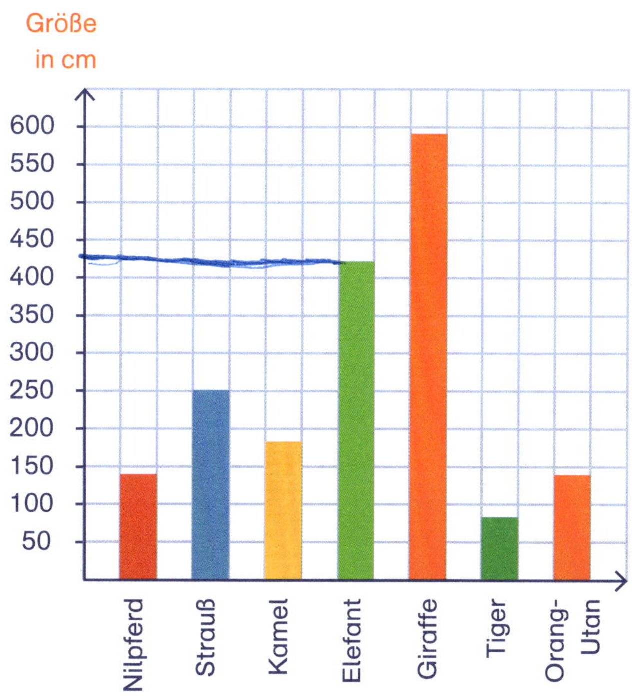

Mit Diagrammen arbeiten

2 Wie viele Tiere hat der Bauer? Übertrage die Daten in die Tabelle.

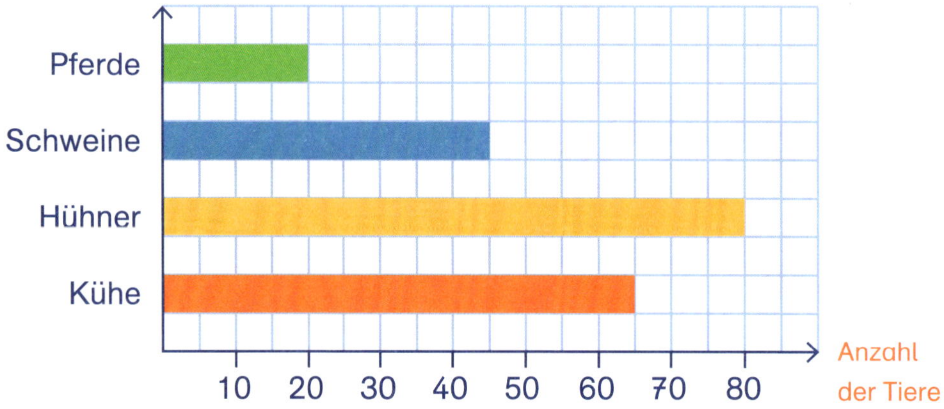

Tierart	Pferde	Schweine	Hühner	Kühe
Anzahl der Tiere				

3 Übertrage die Daten in das Balkendiagramm. Wer ist Torschützenkönig?

Spieler	Flo	Lars	Sören	Conni	Hakan
Anzahl der Tore	10	12	8	15	13

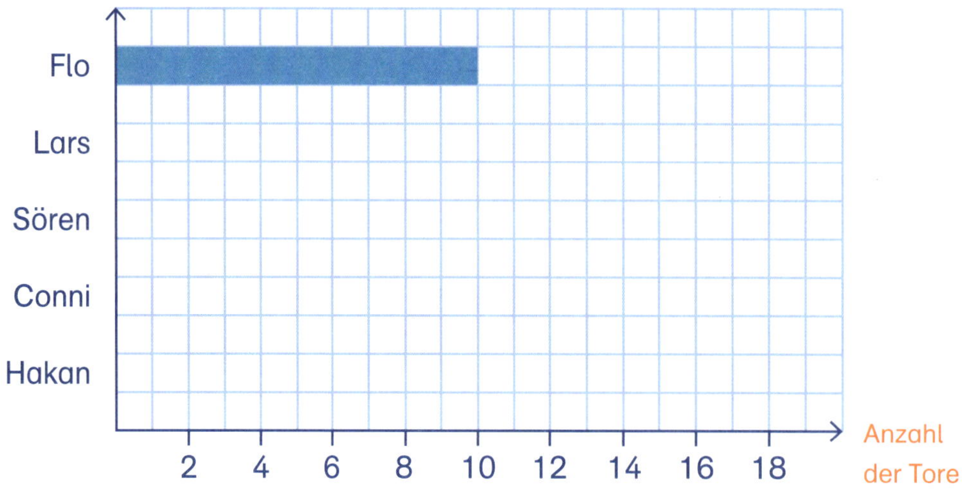

Antwort: Torschützenkönig ist ______________________.

Textaufgaben geschickt lösen

→ Bei **Textaufgaben** gehst du am besten so vor:

1. Lies dir den Aufgabentext genau durch.
2. Überlege, welche Informationen für deine Rechnung wichtig sind.
3. Wenn keine Frage vorgegeben ist, formuliere einen Fragesatz.
4. Manchmal ist es hilfreich, eine Skizze oder eine Tabelle zu erstellen, um schneller auf die Lösung zu kommen.
5. Überlege genau, wie du am besten rechnest. Rechne Schritt für Schritt.
6. Überprüfe, ob das Ergebnis Sinn macht, und rechne die Umkehraufgabe.
7. Schreibe den Antwortsatz auf.

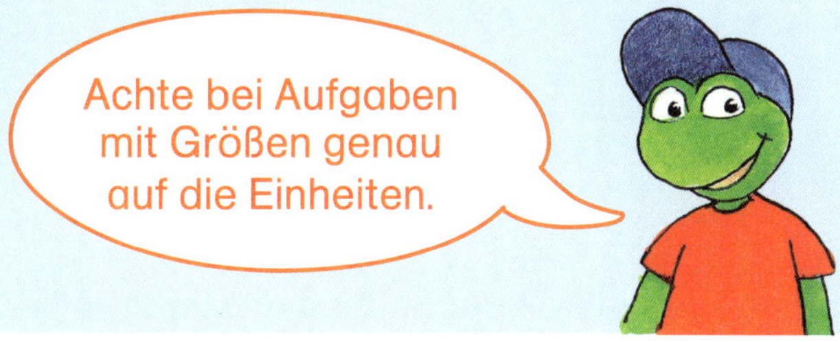

1 Finde die passende Frage und beantworte sie.

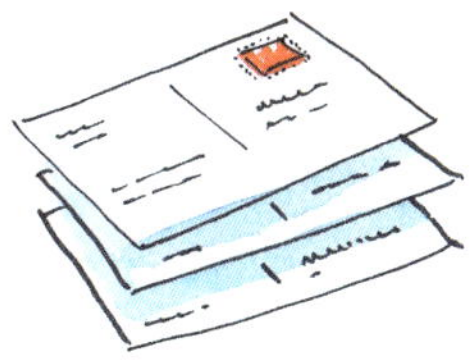

Antje sammelt Postkarten aus aller Welt. Sie hat schon 216 verschiedene Karten aus 12 verschiedenen Ländern zugeschickt bekommen. Alle Karten klebt sie in ihr Album. Insgesamt passen 300 Karten in ihr Album.

Frage: ____?

Rechnung:

Antwort: ____.

Textaufgaben geschickt lösen

2 Frau Michelsen will zwei Fenstervorhänge nähen. Sie hat dafür 8 m Stoff gekauft. Jeder Vorhang soll 3,60 m lang sein. Damit die Vorhänge nicht ausfransen, muss sie den Stoff umnähen. Deshalb braucht sie oben und unten 4 cm Stoff mehr. Wie viel Meter Stoff bleiben übrig?

Skizze:

Rechnung:

Antwort: ______________________________.

3 Eine Schnecke kriecht in einer Minute etwa 6 cm weit. Wie weit kommt sie, wenn sie $\frac{1}{4}$ h ununterbrochen durchkriecht?

Rechnung:

Antwort: ______________________________.

Und wie lange braucht sie für eine Strecke von 50 cm? Trage die Zeiten zunächst in Sekunden in die Tabelle ein und gib dann das Ergebnis in Minuten an.

Strecke	1 cm	6 cm	10 cm	50 cm
Zeit in s				

Antwort: ______________________________.

→ **Pläne** helfen dir bei der **Orientierung**. Mit Stadt- oder Lageplänen kannst du zum Beispiel herausfinden, wie du zu einem bestimmten Ort gelangst.

1

Schau dir den Plan vom Tierpark genau an. Beantworte die Fragen.

1	Eingang
2	Aquarium
3	Vogelhaus
4	Elefanten
5	Streichelzoo
6	Giraffen
7	Löwen
8	Restaurant
9	Affenhaus
10	Kamele
I	Isa
J	Jule
L	Luis

1. Du stehst am Eingang des Tierparks und möchtest zu den Kamelen gehen. Wie oft musst du abbiegen? ____________________.
2. Jule will von den Affen aus schnellstmöglich zum Streichelzoo. An diesen Tieren kommt sie vorbei: ____.
3. Luis will vom Vogelhaus erst zu den Elefanten, dann zu den Giraffen, als drittes zu den Löwen und zum Schluss zu den Kamelen. Zeichne den Weg in die Karte ein.
4. Isa ist am Restaurant. Von dort aus geht sie nach rechts und biegt dann dreimal rechts ab. Kreise ihr Ziel ein.

Flächen und rechte Winkel erkennen

→ **Flächen** nennt man auch **ebene Figuren**. Die Anzahl der Ecken gibt den Flächen ihren Namen.

Dreieck **Vier**eck **Fünf**eck **Sechs**eck

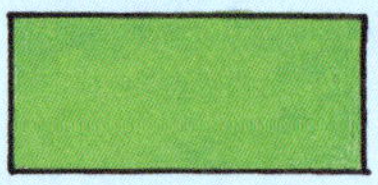

Beim **Rechteck** sind die gegenüberliegenden Seiten gleich lang.

Das **Quadrat** ist ein besonderes Rechteck. Es hat vier gleich lange Seiten.

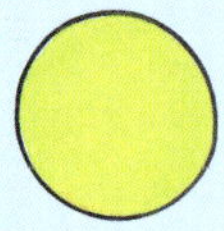

Der **Kreis** ist die einzige Fläche ohne Ecken.

Wenn zwei Linien **senkrecht** aufeinander stehen, bilden sie einen **rechten Winkel**.

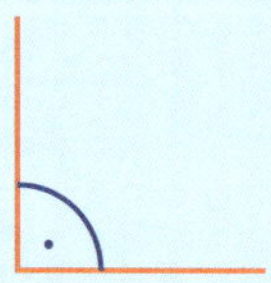

1 Wie viele Quadrate, Rechtecke, Dreiecke und Kreise zählst du?

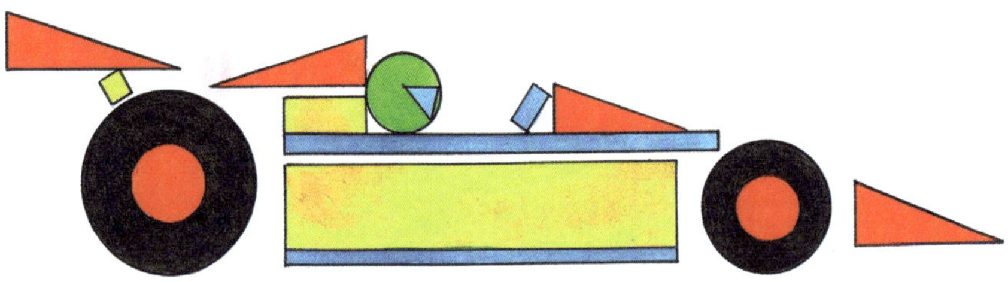

Quadrate: 1 Rechtecke: 5 Dreiecke: 5 Kreise: 5

2 Welche Flächen haben rechte Winkel? Zeichne alle rechten Winkel ein.

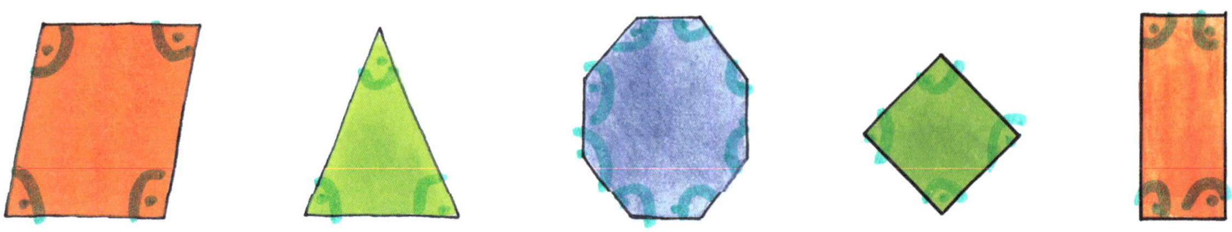

Flächen auslegen und Muster ergänzen

→ Wenn du zwei **Flächen** miteinander **vergleichen** möchtest, kannst du sie mit Quadraten auslegen und dann die Anzahl der Quadrate miteinander vergleichen.

10 Kästchen > 8 Kästchen

Du kannst eine Fläche mit anderen ebenen Figuren vollständig auslegen und so verschiedene **Muster** legen. Das nennt man **Parkettierung**.

1 Zähle die Kästchen. Male die größte Fläche blau und die kleinste rot aus. Zwei Flächen sind gleich groß. Male sie beide gelb an.

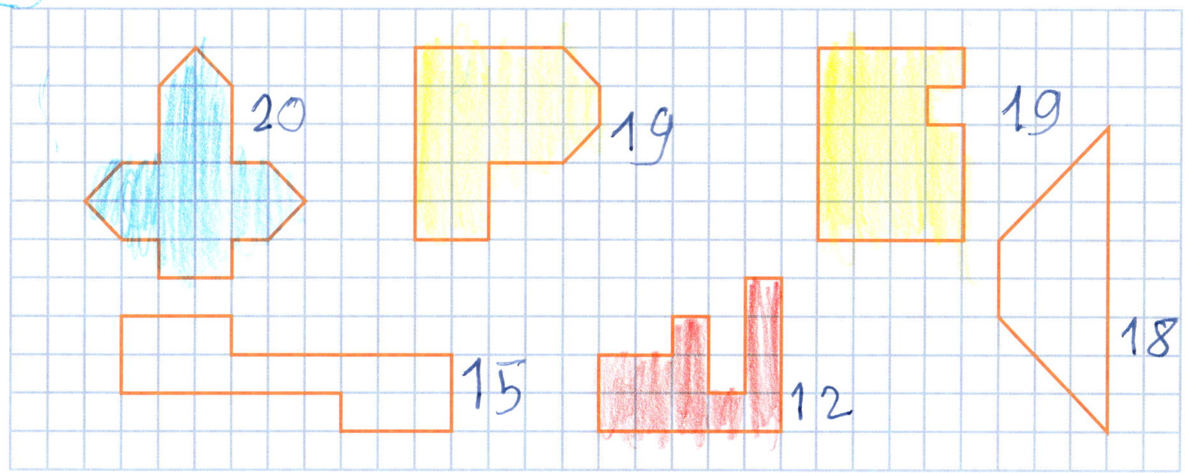

2 Lege die Flächen so weit wie möglich aus.

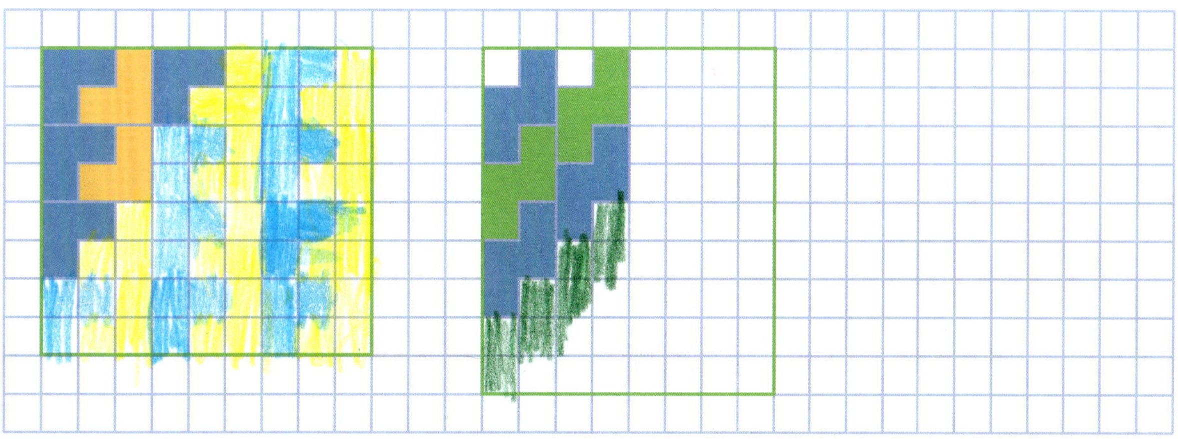

Körperformen untersuchen

→ Es gibt verschiedene **Körperformen**:

Würfel | Quader | Kugel | Pyramide | Zylinder | Kegel

1 Schau dir die Körper oben genau an. Beantworte die Fragen.

Welcher Körper hat 6 gleich große Flächen? Würfel

Welcher Körper hat 2 runde Flächen? Kegel

5 Flächen und 5 Ecken, was ist das? Pyramide

Was hat 1 runde Fläche und 1 Ecke? Zylindu

Welcher Körper hat keine Ecken und Kanten? ____________

2 Finde die Gegenstände, die die Form eines geometrischen Körpers haben. Kreise sie ein.

Körpernetze

→ Wenn du einen geometrischen Körper auseinanderklappst, erhältst du ein **Körpernetz**. Du siehst dem Netz an, zu welchem Körper du es falten kannst.

Würfelnetz und Würfel

Quadernetz und Quader

1 Welches Netz ergibt zusammengesetzt den vorgegebenen Quader? Kreuze es an.

☐

☐

☐

2 Welches Netz kannst du nicht zu einem Würfel zusammensetzen? Überprüfe deine Antwort, indem du die Netze abzeichnest, ausschneidest und zusammenbaust.

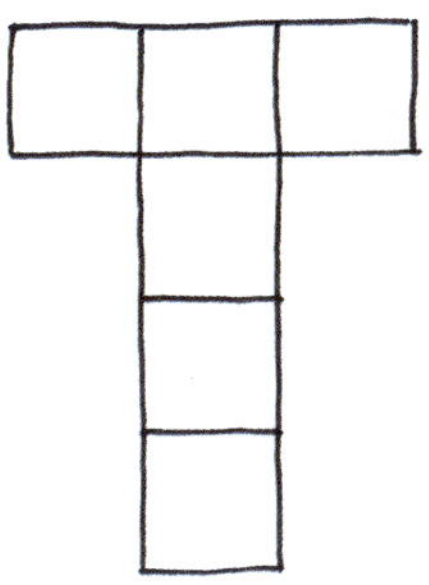
☐

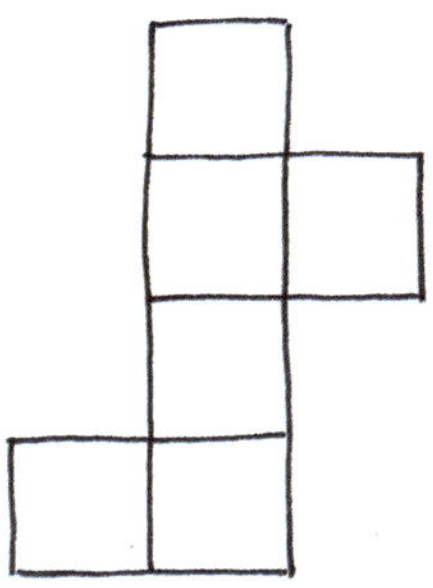
☐

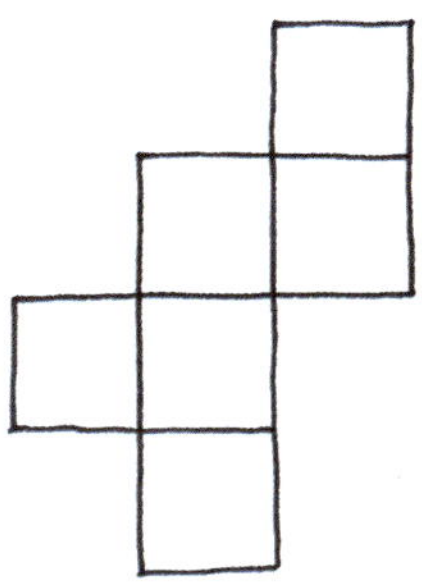
☐

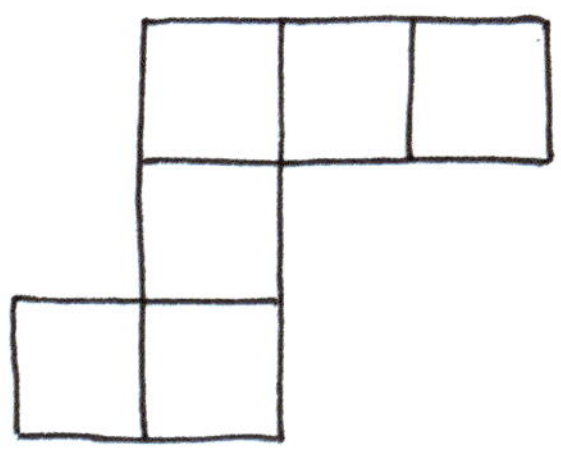
☐

Symmetrische Eigenschaften

→ Manche **Figuren** kannst du so falten, dass beide Hälften ganz genau aufeinanderliegen. Diese Figuren sind **achsensymmetrisch**. Die Faltlinie wird **Symmetrieachse** oder **Spiegelachse** genannt. Eine Figur kann auch mehrere Symmetrieachsen haben.

1 Zeichne alle Spiegelachsen ein.

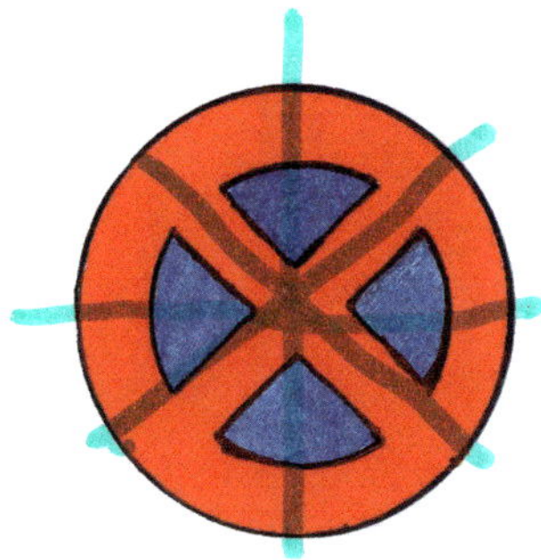

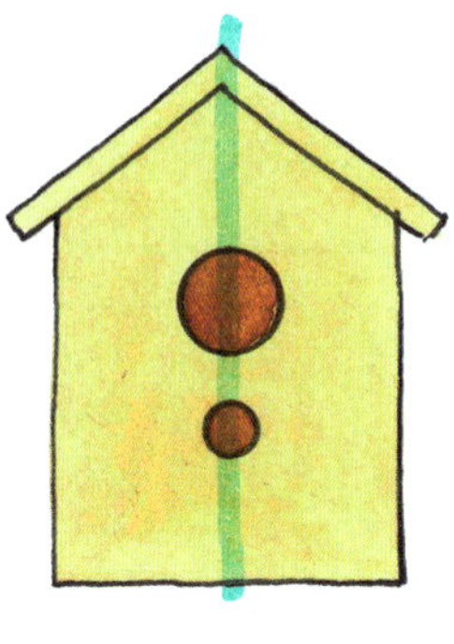

2 Vervollständige die Figuren so, dass sie achsensymmetrisch sind.

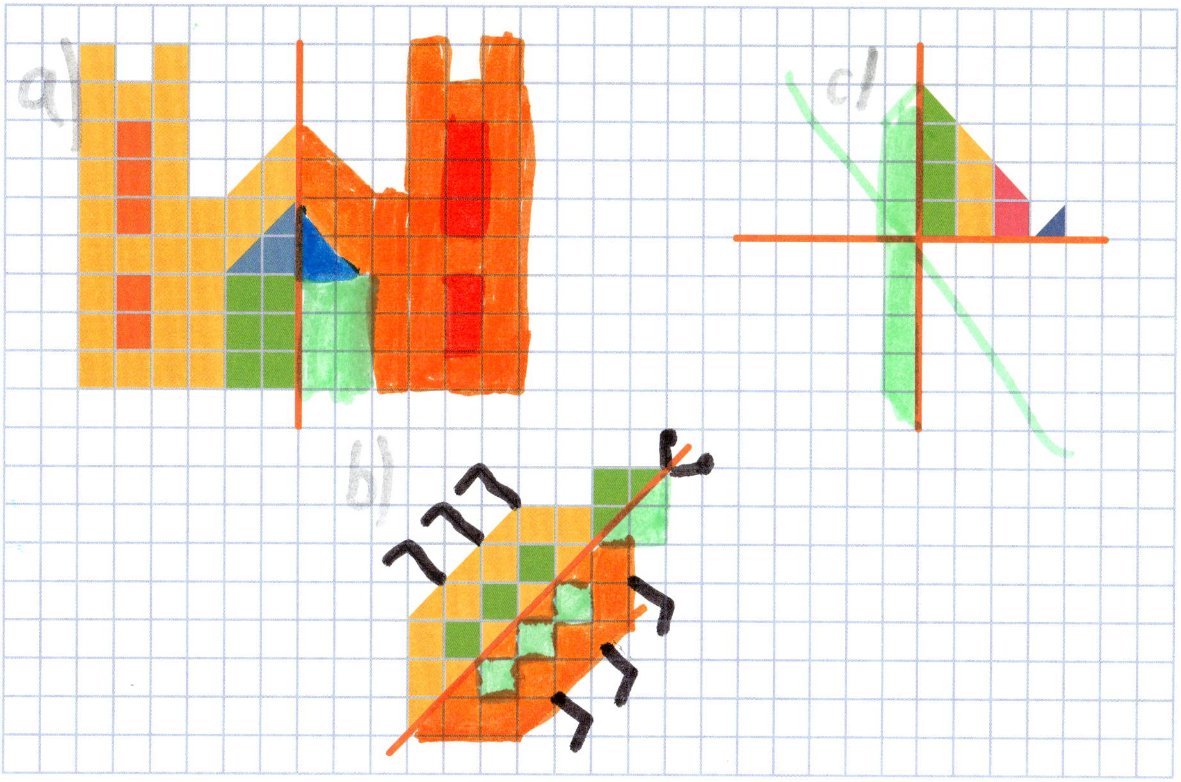

3 Welche Figuren sind nicht achsensymmetrisch? Kreuze sie an.

Würfelbaupläne erstellen

→ Mit gleich großen Würfeln kannst du **Würfelbauten** erstellen.
In einem **Bauplan** kannst du angeben, wie viele Würfel wo stehen.

4	3	2
2	3	2
2	2	1

1 Welcher Würfelbau passt zu welchem Bauplan? Male ihn in der gleichen Farbe an.

4	2	3
4	2	2
3	2	2

4	3	3	4
3	2	2	3
2	1	1	2

4	3	3
3	2	2
2	2	2

3	4	3
2	3	2
2	2	1
1	1	1

2 Erstelle die Baupläne.

1					

Lösungen Deutsch

Seite 6

1 der Hahn, nehmen, gefährlich, führen, der Lehrer, ihr, der Sohn, ihnen, ihm, ihn, fahren, kühl, gähnen, fühlen, hohl, der Fehler, ehrlich, fröhlich, zählen

2 ah: der Hahn, fahren
äh: gefährlich, gähnen, zählen
eh: nehmen, der Lehrer, der Fehler, ehrlich
ih: ihr, ihm, ihnen, ihn
oh: der Sohn, hohl
öh: fröhlich
üh: führen, kühl, fühlen

Seite 7

1

				1	S	P	I	E	G	E	L	
				2	P	A	P	I	E	R		
			3	Z	I	E	G	E				
	4	B	R	I	E	F						
	5	Z	I	E	L							
				6	W	I	E	G	E			
7	K	L	A	V	I	E	R					
		8	V	I	E	R						
				9	S	C	H	I	E	N	E	N
		10	D	I	E	N	S	T	A	G		

Seite 8

1 der Löffel, der Kompass, die Kanne, das Bett, das Messer, die Nuss, die Trommel

2 schwimmen, rennen, brennen, klettern

Seite 9

1 d oder t?: die Han**d** – die Hän**d**e, das Bro**t** – die Bro**t**e, frem**d** – frem**d**er, verträum**t** – verträum**t**er
b oder p?: der Sta**b** – die Stä**b**e, lie**b** – lie**b**er, der Die**b** – die Die**b**e, das Kal**b** – die Käl**b**er, das Sie**b** – die Sie**b**e
g oder k?: billi**g** – billi**g**er, klu**g** – klü**g**er, fleißi**g** – fleißi**g**er, der Ber**g** – die Ber**g**e, der Schran**k** – die Schrän**k**e

Seite 10

1 Verkehrsschild, Lieblingseis, Eselsohr, Einladungskarte, Geburtstagskuchen, Kuckucksuhr

2 die Frühlingsblume, das Geburtstagsgeschenk, die Bahnhofsuhr, das Frühstücksbrett, das Hochzeitskleid, das Geburtstagskind, der Adventskranz, die Bootsfahrt, die Friedenspfeife

Seite 11

1

M	N	O	C	K	H	U	I	W	R	A	S	T	Z	O	P	M	B	V	C
K	U	E	T	F	L	T	A	T	Z	E	T	Z	C	K	F	P	Y	E	S
L	I	G	S	C	H	M	E	C	K	E	N	X	D	M	R	S	Z	R	T
P	A	H	C	J	I	N	R	V	P	L	P	J	Z	N	T	Z	S	S	D
D	S	C	H	M	U	T	Z	I	G	M	U	Q	J	L	S	P	I	T	Z
F	B	P	N	G	H	F	A	E	C	K	T	A	K	F	E	C	T	E	K
S	V	H	E	C	K	E	U	R	T	D	Z	W	T	L	T	K	Z	C	L
A	E	B	C	S	R	D	V	E	R	L	E	T	Z	E	N	T	E	K	V
E	R	C	K	R	T	Z	S	C	N	R	N	E	D	C	R	Z	N	E	C
Z	T	K	E	D	C	K	O	K	V	C	X	A	L	K	S	A	Q	N	R

2 Wörter mit ck: schmecken, Hecke, Schnecke, Viereck, Fleck, verstecken
Wörter mit tz: Tatze, schmutzig, spitz, verletzen, putzen, sitzen

Seite 12

1 les: Vorleser, lesen, ablesen, Lesebuch
schul: Schultüte, Musikschule, Einschulung, Schulferien, Grundschule

2 renn: das Rennrad, rennen, er rannte, das Wettrennen
denk: der Gedanke, denken, er denkt, wir dachten
schreib: die Schreibschrift, verschreiben, sie schrieb, das Schreibheft

Seite 13

3 fahren: das Fahrrad, sie fährt, der Fahrplan, verfahren, die Fähre, der Fahrstuhl, wir fuhren
laufen: sie läuft, nachlaufen, überlaufen, der Wettlauf, das Laufrad, der Lauf, wir liefen

4 fahr-: das Fahrrad, sie fährt, der Fahrplan, fahren, verfahren, die Fähre, der Fahrstuhl, wir fuhren
lauf-: sie läuft, nachlaufen, laufen, überlaufen, der Wettlauf, das Laufrad, der Lauf, wir liefen

Seite 14

1 nehmen: vornehmen, annehmen, vernehmen
rennen: wegrennen, vorrennen, losrennen, herumrennen

2 Ein Geschenk **aus**packen. Die Lösung **vor**sagen. Die Luft **aus**atmen. Ein Gedicht **vor**lesen. Sich eine Geschichte **aus**denken. Ein Lied **vor**singen.

Lösungen Deutsch

Seite 15

1 der geiz**ige** Mann – geiz**ig**, die engl**ische** Sprache – engl**isch**, die flüss**ige** Soße – flüss**ig**, der ehr**liche** Freund – ehr**lich**, die dieb**ische** Elster – dieb**isch**, das sonn**ige** Afrika – sonn**ig**, das gefähr**liche** Tier – gefähr**lich**, der gift**ige** Pilz – gift**ig**, die saft**ige** Birne – saft**ig**, die kom**ische** Erzählung – kom**isch**, die herz**liche** Umarmung – herz**lich**, das regner**ische** Wetter – regner**isch**

Seite 16

1 die Gesund**heit**, die Schön**heit**, die Wirklich**keit**, die Blind**heit**, die Sauber**keit**, die Faul**heit**, die Traurig**keit**, die Frei**heit**

2 Krankheit, Ähnlichkeit, Schönheit

Seite 17

1 Diese Wörter kreist du ein: HUNGER, MANN, HASE, STRAUCH, PFERD, PFEIFE, DURST, FENSTER, BLUME, FREUDE, KANNE, SCHIRM, GELD, SCHLANGE, KIND.

2 der Mann, der Hase, der Strauch, das Pferd, die Pfeife, der Durst, das Fenster, die Blume, die Freude, die Kanne, der Schirm, das Geld, die Schlange, das Kind

Seite 18

1 **D**ie Schulglocke beendet die letzte Schulstunde**.** **D**ie Lehrerin und alle Schüler verlassen das Klassenzimmer**.** **N**ur Lisa schleicht heimlich zurück**.** **S**ie schließt die Tür hinter sich**.** **S**chnell geht sie zu dem glitzernden Erzählstein und steckt ihn in ihre Tasche**.** **S**ie möchte ihn ihrem kleinen Bruder zeigen**.** **A**m nächsten Tag bemerken die Schüler schnell, dass der Erzählstein verschwunden ist**.** **A**ufgeregt durchsuchen sie das Klassenzimmer, aber der Stein bleibt verschwunden**.** **D**ie Kinder überlegen, was sie tun können**.** **S**ie wollen einen Steckbrief schreiben und in der Schule verteilen**.** **L**isa geht es gar nicht gut**.** **S**ie weiß, dass sie etwas Falsches getan hat**.** **D**och sie traut sich nicht, ihren Fehler zuzugeben**.** **P**lötzlich hat sie eine Idee**.** **S**ie holt ein Taschentuch aus ihrem Ranzen, schnäuzt sich und geht mit dem Tuch zum Papierkorb**.** **D**ort lässt sie nicht nur das Taschentuch, sondern auch vorsichtig den Erzählstein hineinfallen**.** **S**ie ruft: „Schaut mal, was ich gefunden habe!“ **S**ie holt den Stein aus dem Papierkorb und hält ihn in die Luft**.** **A**lle klatschen erleichtert in die Hände**.** **N**ur Lisa ist nicht glücklich**.** **S**ie schwört sich, dass sie nie wieder etwas stehlen wird**.**

Seite 19

1 1. Dachs, 2. Delfin, 3. Dorsch, 4. Dromedar
1. Fisch, 2. Fledermaus, 3. Forelle, 4. Frosch
1. Hai, 2. Hecht, 3. Hornisse, 4. Hund
1. Schnecke, 2. Skorpion, 3. Spinne, 4. Storch
1. Gecko, 2. Giraffe, 3. Goldfisch, 4. Grünfink
1. Katze, 2. Kellerassel, 3. Koala, 4. Kreuzspinne

Seite 21

1 Marlene hat das Ergebnis ausgerechnet.
Loki ist die Siegerin des Rennens.
Die Freundschaft zwischen Ella und Nina ist etwas ganz Besonderes.
Finn malt seiner Oma ein Bild.
Jakob hat eine Idee.
Sören und Inka hätten gerne ein Baumhaus.
Der Mond leuchtet am Himmel.

Seite 22

1 die Taschen, die Ufos, die Bäume, die Stühle, die Wälder, die Flüge, die Bücher, die Tassen, die Zoos, die Sträucher, die Eulen

Seite 23

1 das Hochhaus, die Zimmerpflanze, der Schnellzug, das Rennrad, das Schwimmbad, der Dummkopf, die Weltreise, der Großeinkauf, der Schreibtisch, der Fingerhut, das Lesebuch

Seite 24

1 1. Fall: der Pirat, 2. Fall: des Piraten, 3. Fall: dem Piraten, 4. Fall: den Piraten

Seite 25

1 Die Farbe des Balles ist gelb. – Wessen Farbe ist gelb? – des Balles, Leo gibt dem Ball einen Tritt. – Wem gibt Leo einen Tritt? – dem Ball, Tine fängt den Ball. – Wen fängt Tine? – den Ball
Der Baum hat grüne Blätter. – Wer oder was hat grüne Blätter? – der Baum, Die Blüten des Baumes sind weiß. – Wessen Blüten sind weiß? – des Baumes, Der Gärtner gibt dem Baum Wasser. – Wem gibt der Gärtner Wasser? – dem Baum, Die Kinder mögen den Apfelbaum. – Wen mögen die Kinder? – den Apfelbaum

Seite 26

1 Diese Pronomen setzt du ein: Sie, Er, Wir, Sie, er, Es, sie, Wir, er.

Seite 27

1

M	N	T	S	U	I	O	S	B	V	N	M	P	U
W	A	M	E	I	N	D	T	E	U	E	R	Y	I
B	N	J	I	K	L	F	S	U	N	B	C	I	X
H	I	C	N	F	T	Z	D	E	I	N	L	H	K
U	H	Z	H	B	D	Y	I	K	L	J	Z	R	T
P	R	Y	X	U	N	S	E	R	S	E	A	T	D

2 Diese Pronomen setzt du ein: ihr, seinem, eure, mein, deinem, ihre, seinem.

Seite 28

1 trinken: ihr trinkt, er trinkt, ich trinke, sie trinken
lesen: ich lese, du liest, wir lesen, sie liest
schlafen: du schläfst, ich schlafe, wir schlafen, sie schläft

2 So trägst du die Verben ein: lache, spielen, singst, schreibt, sucht, beobachtet.

Seite 29

1 Diese Verben kreist du ein: ging, stand, klopfte, gab, malte, sprach, antwortete, fragte, schrie, kam, lachte, rief.

2 pflückte, besuchte, kümmerte, fragten

Seite 30

1 sehen – Er hat gesehen., rechnen – Sie haben gerechnet., suchen – Ich habe gesucht., fahren – Tina ist gefahren.

2 Sie ist gelaufen. Wir haben gelacht. Er ist geschwommen. Du hast geschlafen. Ihr habt getanzt. Anna und Tom sind geblieben. Ich habe gesungen. Du hast gemalt.

Seite 31

1 rollen: es rollt, es rollte, es ist gerollt
fallen: ich falle, ich fiel, ich bin gefallen
springen: wir springen, wir sprangen, wir sind gesprungen
rennen: er rennt, er rannte, er ist gerannt
rufen: sie ruft, sie rief, sie hat gerufen
tanzen: ihr tanzt, ihr tanztet, ihr habt getanzt

2 fuhr, treffen, haben ... angesehen, fährt, haben ... gewonnen, tauchte

Seite 32

1

Seite 33

1 schnell – schneller – am schnellsten, gut – besser – am besten, klug – klüger – am klügsten, spät – später – am spätesten, alt – älter – am ältesten, laut – lauter – am lautesten, glücklich – glücklicher – am glücklichsten

2 kleiner, schneller, schön, größer, größten

Seite 34

1 rabenschwarz, federleicht, schneeweiß, steinhart, blitzschnell, eiskalt

2 hellblau, winzigklein, dickhäutig, bittersüß

Seite 35

1 Subjekt: Der Drachen, Die Sonne, Der Mann (oder: Der Junge), Der Junge, Die Frau
Prädikat: schwimmt, sitzt (oder: steht), spielen, schläft (oder: liegt), angelt (oder: sitzt)

Seite 36

2 kauft, die Klasse 3c, fährt, Der Drache, fliegt, Azra, liest

Lösungen Deutsch

Seite 37

1 „Wie alt können Meeresschildkröten werden?“ „Meeresschildkröten können über 75 Jahre alt werden.“
„Schließe bitte das Fenster!“ „Mir ist schon ganz kalt.“
„Hast du Hausaufgaben auf?“ „Ja, ich muss das Gedicht auswendig lernen.“
„Kaufe bitte frische Erdbeeren!“ „Ich brauche sie für den Kuchen.“
„Kommst du morgen mit ins Freibad?“ „Morgen habe ich leider keine Zeit.“
„Öffnet bitte die Seite 13 im Mathebuch!“ „Wer möchte die erste Aufgabe vorrechnen?“

Seite 38

1 Das Kind ruft: „Hol das Stöckchen!“
Opa sagt: „Schön, dass du mich besuchen kommst.“
Tomma fragt: „Kommt ihr mit ins Schwimmbad?“
Marcel sagt: „Ich gehe jetzt zum Gitarrenunterricht. Bis später.“

Seite 39

2 Jonas geht mit seinem Vater im Kaufhaus zur Spielzeugabteilung. Er ruft aufgeregt: „Papa, da steht die Autorennbahn.“ Schnell rennt er um die Ecke auf das Regal zu. Jonas sagt: „Und dort gibt es ja auch ein Kinderschlagzeug.“ Aufgeregt rennt er auch schon weiter. Auf halbem Weg biegt er rechts ab und schaut mit großen Augen zu einem Basketballkorb hinauf.
Jonas lacht: „Schau mal, den können wir doch an der Hauswand befestigen.“ Jonas dreht sich zu seinem Vater um, aber da steht niemand. Unsicher ruft er: „Papa, wo bist du denn?“ Jonas sucht die Gänge ab. Plötzlich hört er eine Durchsage: „Jonas wird von seinem Vater gesucht. Er wartet bei den Autorennbahnen auf ihn.“ Jonas wird rot im Gesicht, als er zu seinem Vater zurückgeht. Der fragt ihn: „Hast du etwas gefunden, das du dir zum Geburtstag wünschst?“ Jonas antwortet: „Ja, komm schnell mit. Ich zeig es dir.“ Blitzschnell ist Jonas wieder hinter einem Regal verschwunden.

Seite 40

2 28. Oktober. Leider scheint die Sonne nicht, es ist windig. Auf dem Stuhl. Ein feuerroter Drachen mit riesigen Flügeln. Neue Abenteuer, die der feuerrote Drachen bei seinem Flug erlebt.

Seite 41

1 Als Theo mit seinem Fahrrad den Fahrradweg entlangradelt, trifft er Nina mit ihrem Dreirad.
Theo sagt: „Mit deinem Dreirad hast du keine Chance gegen mich. Ich bin mindestens doppelt so schnell wie du.“
Nina nimmt die Herausforderung an: „Wir können ja gerne ein Wettrennen machen. Wer auf der anderen Seite als Erstes am Eisladen ist, gewinnt eine Kugel Eis!“
Theo malt mit Kreide die Startlinie. Als beide an der Startlinie bereitstehen, sagt Nina: „Auf die Plätze, fertig ...“
„... los!“, ruft Theo schnell hinterher und düst auch schon los. Nina schaut erstaunt hinterher: „Hui, der ist aber schnell. Und geschummelt war das auch.“
Theo hat schon einen großen Vorsprung. Als Nina an einer Treppe vorbeikommt, muss sie lächeln. „Wir haben ja nicht gesagt, welchen Weg wir nehmen müssen.“
Nina läuft die Treppe hinunter und kommt auf der anderen Seite wieder auf den Fahrradweg. Sie befindet sich kurz vor dem Eisladen.
Als Theo mit seinem Fahrrad um die Ecke düst, freut er sich schon auf ein kostenloses Schokoladeneis. Doch dann sieht er Nina vor sich, die auf ihrem Dreirad gemütlich auf den Eisladen zufährt. „Das gibt es doch nicht!“
Vor dem Eisladen wartet Nina bereits lächelnd auf Theo. „Also ich hätte gerne eine Kugel Erdbeere.“

Seite 42

1 Theo: überlegen, selbstsicher
Nina: überlegen, stolz, fröhlich

Seite 43

1 Es kommen ein Löwe und eine Maus in der Geschichte vor.
Er lacht, weil er glaubt, dass eine kleine Maus einem Löwen nicht helfen kann.
Der Löwe ist in einem Netz gefangen.

Seite 44

2 Himmelskörper, um eine Sonne, acht, Neptun

Seite 45

1 Wie sahen Mammuts aus?
Wie lautet der wissenschaftliche Name des Mammuts?
Wann lebten die ersten Mammuts?

Seite 46

1 Die erste Pause beginnt um 9.30 Uhr.
Dienstags hat die Klasse sechs Stunden Unterricht.
Die Kinder haben mittwochs in der 2. Stunde Englisch.
Der Unterricht endet freitags nach der 4. Stunde um 11.20 Uhr.

Seite 47

2 in Europa und Teilen Asiens
eine Hirschart
von Nektar und Pflanzensäften

Seite 48

1 Konstanz Hafen
12,00 €
1 Erwachsener
Friedrichshafen Hafen

Seite 49

1
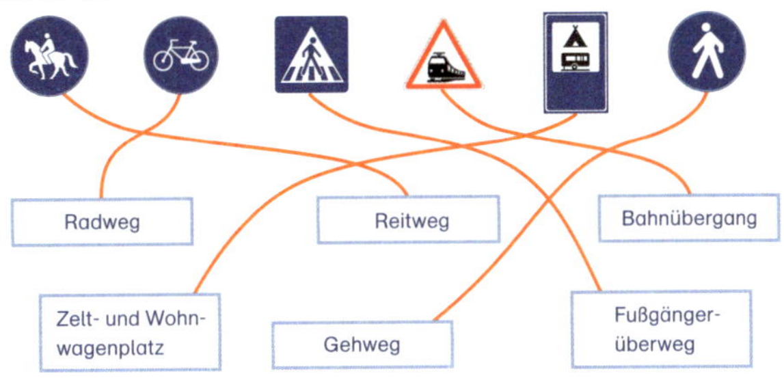

2
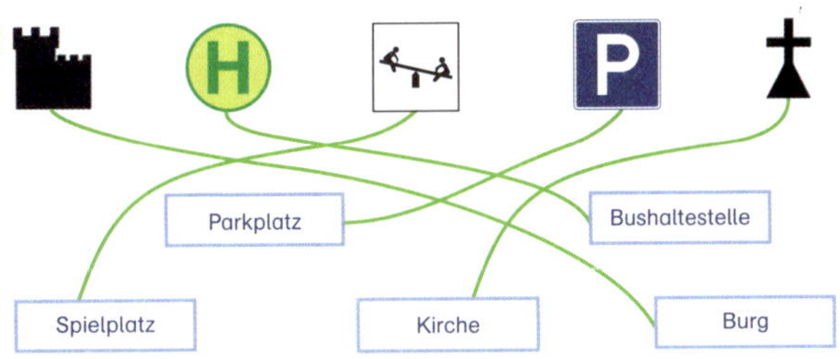

Seite 50

1 um 9.30 Uhr in der Schule
Kinder
Pause, Kinder spielen Fußball, schießen den Ball auf ein Dach, sie überlegen, wie sie ihn wieder herunterbekommen

Seite 53

1 gehen: rennen, schlendern, spazieren, trippeln, wandern, laufen, stapfen, marschieren
sagen: reden, quatschen, berichten, erklären, erzählen, flüstern, rufen, sprechen

2 Anton **baut** am Strand eine Sandburg.
Oma **kocht** heute leckere Kartoffelsuppe.
Lea, **malst** du heute das Bild fertig?

Seite 54

2 Überquere die Straße am **Zebrastreifen** und gehe nach **links**. Gehe in die **Goethestraße**. Dort kommst du an einer **Kirche** und einem **Park** vorbei. Biege an der **zweiten Straße** links ein. Sie heißt **Schulstraße**. Dort sind ein **Spielplatz** und die **Feuerwehr**. Nach wenigen Metern befindet sich die Schule auf der **rechten** Seite.

Seite 55

1 Mädchen: Kleid, Zöpfe, gelbe Strümpfe
Junge: blondes Haar, Mütze, Tennisschläger, Sportler
Mann: groß, Glatze, Schnurrbart
Opa: graues Haar, Brille, dick

Seite 56

2 So könnte dein Steckbrief lauten: Mein Fahrrad hat einen schwarzen Sattel und die Fahrradklingel ist rot. Der Rahmen des Rades ist blau. Auf ihm steht der Name des Rades: Violetta. Am Gepäckträger befindet sich ein roter Wimpel. Ich hatte das Fahrrad mit einem schwarzen Schloss am Fahrradständer angeschlossen.

Seite 57

1 Wasche die Trauben, den Apfel und die Erdbeeren.
Schäle das Obst.
Schneide es in kleine Stücke und fülle diese in die Schüssel.
Mische die Obststücke in der Schüssel.

Seite 58

1 Elsa Schneider
Willibaldstraße 52
20359 Hamburg

Seite 59

2 Die E-Mail wurde von Ole geschrieben.
Der Betreff in der E-Mail lautet: Fußball spielen.
Die E-Mail ist für Paula Mann.

Seite 60

2 So ähnlich könnte die Einladung lauten:
Liebe Maja,
am Donnerstag, den 3. März, findet bei mir zu Hause um 16 Uhr eine Faschingsparty statt. Dazu möchte ich dich herzlich einladen. Das schönste Kostüm gewinnt einen Preis. Vergiss also nicht, dich zu verkleiden! Um 19.30 Uhr ist die Party zu Ende. Ich freue mich sehr, wenn du kommst.
Deine Anna

Lösungen Mathematik

Hinweis: Bei manchen Aufgaben gibt es verschiedene Lösungswege. Wenn du anders gerechnet hast, muss die Lösung aber trotzdem die gleiche sein wie hier angegeben.

Seite 62

1

T	H	Z	E
0	6	5	8

T	H	Z	E
0	2	0	4

T	H	Z	E
1	0	0	0

2 0 T 6 H 3 Z 0 E = 600 + 30 = 630
0 T 1 H 4 Z 5 E = 100 + 40 + 5 = 145
0 T 7 H 0 Z 2 E = 700 + 2 = 702

Seite 63

1

Vorgänger	641	770	190	293	799
Zahl	642	771	191	294	800
Nachfolger	643	772	192	295	801

2

NZ	850	420	600
Zahl	857	428	609
NZ	860	430	610

NH	200	500	300
Zahl	274	596	315
NH	300	600	400

3 Diese Zeichen setzt du ein: **<**, **>**, **=**.

Seite 64

1 Diese Zahlen setzt du ein: 360, 510, 650, 790.

2

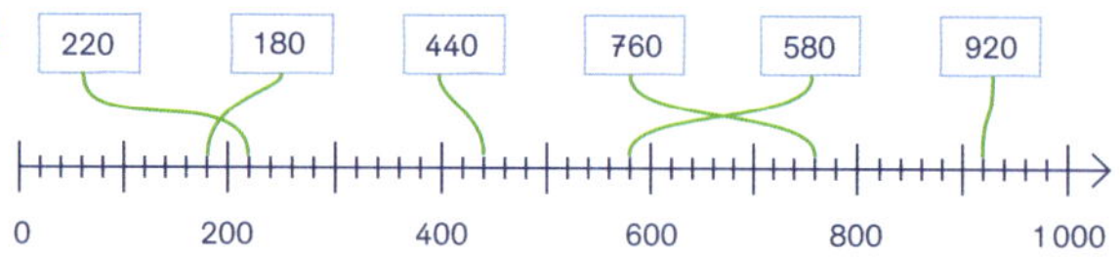

3

Seite 65

1 0, 20, 40, 60, 80, 100, 120

2

3 Zur übernächsten Zahl werden immer 10 hinzugezählt (45 + 10 = 55 und 109 + 10 = 119). Statt der 85 müsste also die 75 stehen.

4 2, 4, 8, 16, 32

Seite 66

1

genaue Zahl	381	555	69	242	834	108	299
auf den Zehner	380	560	70	240	830	110	300
auf den Hunderter	400	600	100	200	800	100	300

2 So kreuzt du an: ≈ 430, ≈ 1 000, ≈ 770.

3 455, 456, 457, 458, 459, 461, 462, 463, 464

Seite 67

1

	auf den Zehner	auf den Hunderter
426 + 293 ≈	430 + 290 = 720	400 + 300 = 700
165 + 374 ≈	170 + 370 = 540	200 + 400 = 600
682 + 106 ≈	680 + 110 = 790	700 + 100 = 800
944 − 511 ≈	940 − 510 = 430	900 − 500 = 400
747 − 125 ≈	750 − 130 = 620	700 − 100 = 600
413 − 86 ≈	410 − 90 = 320	400 − 100 = 300

2 R: 200 + 200 + 400 = 800
A: Marlene hat ungefähr **800** Seiten gelesen.

3 So kreuzt du an: 458 + 218 = 676.

Seite 68

1

3	9	2	+	2	4	8	=			
3	9	2	+	2	0	0	=	5	9	2
5	9	2	+		4	0	=	6	3	2
6	3	2	+			8	=	6	4	0
3	9	2	+	2	4	8	=	6	4	0

467 + 195 = 662
159 + 686 = 845
538 + 374 = 912
432 + 381 = 813

Seite 69

1

3	8	1	+	4	7	0	=			
3	8	1	+	5	0	0	=	8	8	1
8	8	1	−		3	0	=	8	5	1
3	8	1	+	4	7	0	=	8	5	1

536 + 195 = 731

2 R: 256 + 293 = 549
A: Zusammen haben sie **549** Muscheln.

3 659 + 199 = 858

Seite 70

1

8	9	5	−	1	3	8	=			
8	9	5	−	1	0	0	=	7	9	5
7	9	5	−		3	0	=	7	6	5
7	6	5	−			8	=	7	5	7
8	9	5	−	1	3	8	=	7	5	7

526 − 494 = 32
714 − 379 = 335
482 − 293 =189
434 − 343 = 91

Seite 71

1

9	8	9	−	5	9	7	=			
9	8	9	−	6	0	0	=	3	8	9
3	8	9	+			3	=	3	9	2
9	8	9	−	5	9	7	=	3	9	2

732 − 470 = 262

2 R: 673 − 394 = 279
A: **279** Kinder sind Mädchen.

3

Seite 72

1

	3	1	7
+	2	7	1
	5	8	8

999, 669, 487, 758, 863

Lösungen Mathematik

2

338	555	109
+ 211	+ 321	+ 790
549	876	899

671	400	401
+ 114	+ 235	+ 126
785	635	527

Seite 73

3 399, 666, 587, 747, 858

4 879, 745, 797

5 R: 213 + 241 + 224 = 678

A: Insgesamt sind **678** Kinder da.

Seite 74

1

357
+ 271
1
628

542, 771, 550, 326, 835

2 **Mia** hat richtig gerechnet.

Seite 75

3 Ü: 1 000 — Ü: 600 — Ü: 900

946 — 682 — 872

4

247	628	205
+ 153	+ 72	+ 395
11	11	11
400	700	600

354	217	456
+ 446	+ 183	+ 544
11	11	111
800	400	1000

5 Anne: 720 Punkte   Lasse: 722 Punkte

A: Die meisten Punkte hat **Lasse** erreicht.

Seite 76

1 443, 111, 402, 510

26, 333, 113, 262

304, 522, 436, 732

Seite 77

2

875	963	619
− 432	− 753	− 308
443	210	311

597	345	777
− 454	− 324	− 247
143	21	530

3

487	988	423	855
− 365	− 567	− 322	− 244
122	421	101	611

4 238 > 216   543 > 511

Seite 78

1

3 13
~~4~~38
− 276
162

oder

438
− 276
1
162

126, 279, 364

Seite 79

2 Ü: 430 — Ü: 150 — Ü: 320

435 — 149 — 327

3

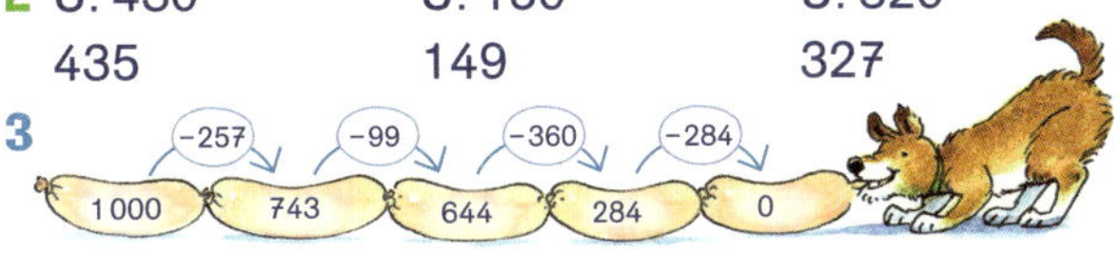

4 838 − 588 = 250   250 : 2 = **125**

Seite 80

1 5 · 4 = 20   6 · 7 = 42   5 · 6 = 30

7 · 8 = 56   3 · 3 = 9   9 · 8 = 72

2 62 : 8 = 7 R 6   34 : 5 = 6 R 4   64 : 7 = 9 R 1

57 : 3 = 19   57 : 4 = 14 R 1   18 : 6 = 3

56 : 7 = 8   56 : 6 = 9 R 2   64 : 8 = 8

89 : 9 = 9 R 8   63 : 9 = 7   100 : 10 = 10

3 R: 46 : 3 = 15 R 1

A: Es werden **16** Autos benötigt.

Seite 81

1 6 · 50 = 300   4 · 80 = 320   5 · 20 = 100

6 · 5 = 30   4 · 8 = 32   5 · 2 = 10

2 3 · 60 = 180   5 · 200 = 1 000

3 · 6 Z = 18 Z = 180   5 · 2 H = 10 H = 1 000

3

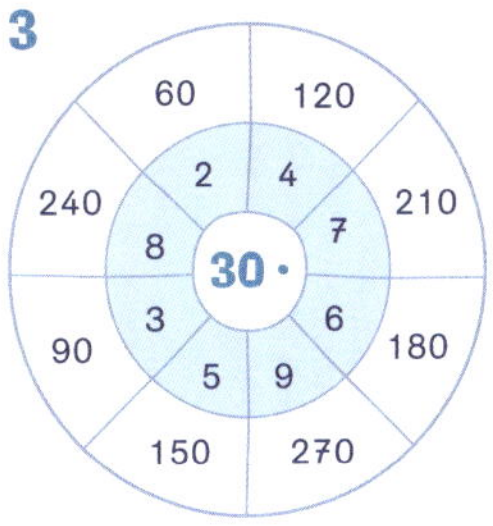

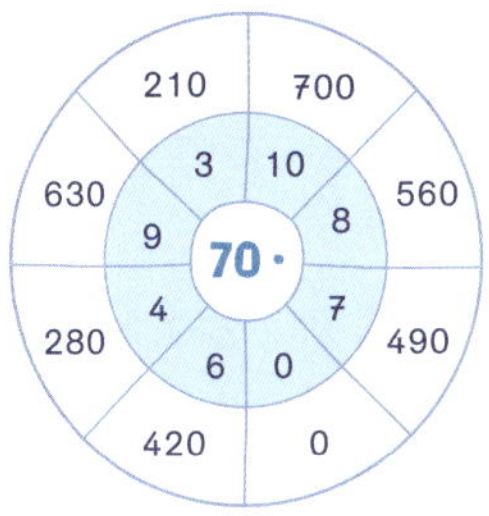

Seite 82

1

48 · 7 =	
40 · 7 =	280
8 · 7 =	56
48 · 7 =	336

306, 980

2 98 + 89 = 187   187 · 5 = **935**

Seite 83

3 54 · 3 = 150 + 12 = 162

35 · 7 = 210 + 35 = 245

99 · 4 = 360 + 36 = 396

27 · 8 = 160 + 56 = 216

74 · 5 = 350 + 20 = 370

62 · 8 = 480 + 16 = 496

46 · 9 = 360 + 54 = 414

105 · 2 = 200 + 10 = 210

4 144 > 137   365 < 368

5 R: 16 · 8 = 80 + 48 = 128   128 + 6 = 134

A: Sie hat **134** Zeitungen im Laden verteilt.

Lösungen Mathematik

Seite 84

1 60 : 6 = 10 | 90 : 3 = 30 | 100 : 10 = 10
600 : 60 = 10 | 900 : 30 = 30 | 1 000 : 100 = 10

2 420 : 7 = 60 | 810 : 9 = 90 | 240 : 30 = 8
720 : 80 = 9 | 360 : 4 = 90 | 640 : 8 = 80
50 : 5 = 10 | 360 : 60 = 6 | 450 : 90 = 5

3
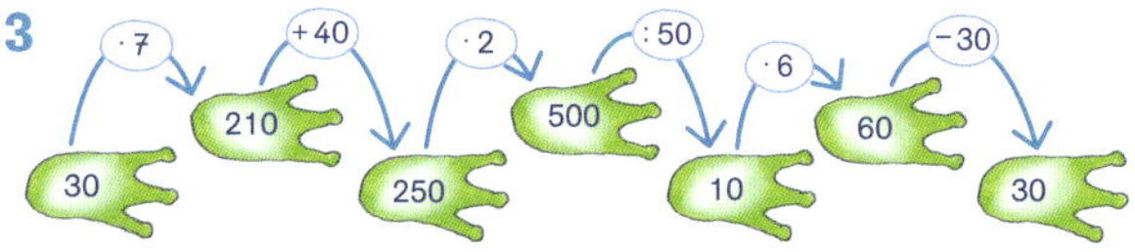

Seite 85

1

8	4	:	6	=		
6	0	:	6	=	1	0
2	4	:	6	=		4
8	4	:	6	=	1	4

17, 25, 213, 42

2 384 : 6 → 64 · 6
192 : 8 → 24 · 8
444 : 6 → 74 · 6

Seite 86

1

9	9	:	8	=				
8	0	:	8	=	1	0		
1	9	:	8	=		2	R	3
9	9	:	8	=	1	2	R	3

13 R2, 52 R1, 72 R5

2 64 · 6 = 384 | 384 + 3 = 387
92 · 7 = 644 | 644 + 6 = 650

Seite 87

3 231 : 7 = 33 | 175 : 3 = 58 R 1 | 567 : 6 = 94 R 3

4 R: 108 : 8 = 13 R 4
A: Er muss **14**-mal fahren.

5 8 · 6 = 48 | 48 + 59 = 107
107 – 3 = 104 | 104 : 8 = **13**

Seite 88

1 1 Sekunde | 20 Sekunden
24 Stunden | 3 Monate
5 Tage | 90 Minuten
30 Tage | 15 Minuten

2 16. Mai, 21. Mai, 2. Juni, 26. Mai

Seite 89

1 360 s | 5 min 46 s | 3 h 35 min
30 s | 2 min 18 s | 6 h 52 min
900 s | 4 min 14 s | 2 h 24 min

2 So ist es richtig: >, >, =
<, >, >
>, =, <

3 Marika: 73 s, Finn: 88 s, Fabian: 74 s, Anne: 79 s
Am schnellsten war **Marika**. Am langsamsten war **Finn**.

4 Lösungswort: WELTRAUM

Seite 90

1
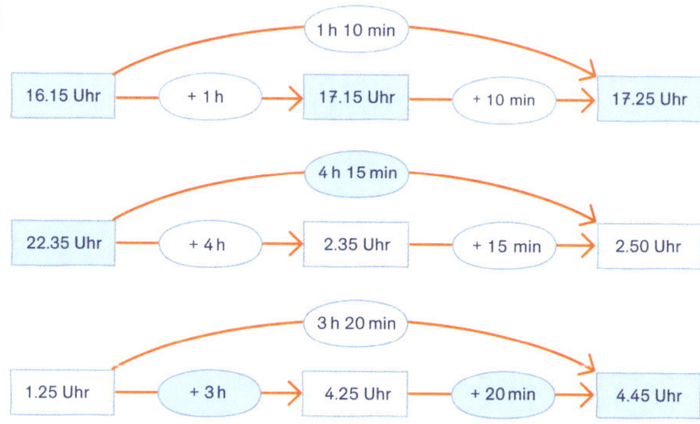

Seite 91

2

Strecke	München–Paris	Hamburg–Athen	Frankfurt–Zürich	Hamburg–Rom	Frankfurt–Lissabon
Start	15.25 Uhr	8.45 Uhr	19.40 Uhr	4.10 Uhr	19.35 Uhr
Landung	16.50 Uhr	13.55 Uhr	20.30 Uhr	7.40 Uhr	22.20 Uhr
Dauer	1 h 25 min	5 h 10 min	50 min	3 h 30 min	2 h 45 min

3 R: 14.30 Uhr – 28 min = 14.02 Uhr
A: Sie muss spätestens die S **3** nehmen.

4 R: + 38 min | + 8 min | + 5 min
6.54 Uhr → 7.32 Uhr → 7.40 Uhr → 7.45 Uhr
A: Er muss noch **5 min** warten.

Seite 92

1 426,35 €, 800,95 €, 70,32 €, 300,94 €.

2 Taschenbuch: 9,90 €, Fernseher: 499,00 €,
Eis: 0,80 €, Schuhe: 29,99 €, Geodreieck: 1,49 €

Seite 93

1 423,60 € | 7,55 € | 60,08 €
74,04 € | 8,05 € | 0,37 €
50,50 € | 5,40 € | 10,00 €

2 7,67 € = 7 € 67 ct = 767 ct
5,60 € = 5 € 60 ct = 560 ct
9,99 € = 9 € 99 ct = 999 ct
8,00 € = 8 € = 800 ct
4,05 € = 4 € 5 ct = 405 ct
10,01 € = 10 € 1 ct = 1001 ct

3 Nur beim zweiten Preis reicht das Geld.

4 2 € 1 ct < 210 ct < 212 ct < 12 € 12 ct
< 20,01 € < 20 € 10 ct

Seite 94

1

	4	8,	5	7	€
+		3,	2	4	€
	1		1		
	5	1,	8	1	€

178,31 €, 777,64 €,
53,06 €, 256,54 €, 451,72 €

Seite 95

2

1	5,	1	0	€	·	8	=							
1	5	€			·	8	=	1	2	0	€			
1	0	ct			·	8	=		8	0	ct			
1	2	0	€	+	8	0	ct	=	1	2	0,	8	0	€

Lösungen Mathematik

5	6	7	ct	:	9	=			
5	4	0	ct	:	9	=	6	0	ct
	2	7	ct	:	9	=		3	ct
6	0	ct	+	3	ct	=	6	3	ct

3 R: 24,16 € + 19,37 € + 30,00 € = 73,53 €
A: Sie haben jetzt **73,53 €**.
R: 73,53 € – 64,89 € = 8,64 €
A: Es bleiben **8,64 €** übrig.

Seite 96

1 Diese Längenangaben kreuzt du an: etwa 40 cm, etwa 6 mm, bis zu 300 cm, 30 bis 50 m.
2 3,8 cm, 6,4 cm, 7 cm
3 Miss genau nach, ob alle Längen stimmen.

Seite 97

1 9,50 m 25,5 cm 8,24 m
9,6 cm 80,3 cm 7,04 m

2

m	cm
4,65 m	465 cm
2,03 m	203 cm
6,98 m	698 cm
8,88 m	888 cm
0,46 m	46 cm
8 m	800 cm

cm	mm
4,1 cm	41 mm
9,9 cm	99 mm
78,8 cm	788 mm
11,7 cm	117 mm
20,5 cm	205 mm
0,7 cm	7 mm

3 So ist es richtig: <, >, =
=, >, <
>, <, >

4 28 mm < 8,2 cm < 820 mm < 802 cm < 80,2 m

Seite 98

1 27 cm + 73 cm = 1 m 437 m + 563 m = 1 km
56 cm + 44 cm = 1 m 289 m + 711 m = 1 km
18 cm + 32 cm = 0,5 m 46 cm + 4 cm = 0,5 m

2

	1	6,	2	5	m
+		4,	1	6	m
	1		1		
	2	0,	4	1	m

474,20 m, 71,44 m, 59,74 m

Seite 99

3

9	1	cm	·	3	=				
9	0	cm	·	3	=	2	7	0	cm
	1	cm	·	3	=			3	cm
2	7	0	cm	+	3	cm	=	2	7	3	cm

9	2	0	cm	:	4	=						
8	0	0	cm	:	4	=	2	0	0	cm		
1	2	0	cm	:	4	=		3	0	cm		
2	0	0	cm	+	3	0	cm	=	2	3	0	cm

4 R: 900 cm : 4 = 225 cm = 2,25 m
A: Die Stücke sind **2,25 m** lang.

5 R: Justus: 4,3 km + 14,9 km + 6,2 km = 25,4 km
Milan: 3,2 km + 8,3 km + 13,5 km = 25,0 km
A: **Justus** ist weiter gefahren.

Seite 100

1 Büroklammer: 1 g, Auto: 1 t, Motorrad: 200 kg, Bernhardiner: 80 kg, Katze: 5 kg

2

Gewicht	500 g	200 g	100 g	50 g	20 g	10 g	5 g	2 g	1 g
361 g	–	1	1	1	–	1	–	–	1
816 g	1	1	1	–	–	1	1	–	1
453 g	–	2	–	1	–	–	–	1	1
648 g	1	–	1	–	2	–	1	1	1
278 g	–	1	–	1	1	–	1	1	1
999 g	1	2	–	1	2	–	1	2	–

Seite 101

1

g	1 253 g	1001 g	1350 g	1080 g	720 g
kg und g	1 kg 253 g	1 kg 1 g	1 kg 350 g	1 kg 80 g	0 kg 720 g
kg	1,253 kg	1,001 kg	1,350 kg	1,080 kg	0,720 kg

2 Die ersten beiden Aussagen stimmen.
3 6 kg 500 g = 6,500 kg 6 kg 65 g = 6,065 kg
650 g = 0,650 kg 60 kg 5 g = 60,005 kg
0,650 kg < 6,065 kg < 6,500 kg < 60,005 kg

Seite 102

1

1 kg	
36 g	964 g
467 g	533 g
997 g	3 g
444 g	556 g
309 g	691 g
150 g	850 g

1 t	
815 kg	185 kg
95 kg	905 kg
431 kg	569 kg
902 kg	98 kg
610 kg	390 kg
995 kg	5 kg

2

	8,	5	0	0	kg
+	3,	6	0	0	kg
	1				
1	2,	1	0	0	kg

34,550 kg, 5,925 kg,
5,800 kg, 20,250 kg, 21,850 kg

Seite 103

3 Leo: 829 g Kim: 840 g Lisa: 969 g

4

8 Pers.	1640 g	600 g	260 g	500 g	120 g	2	4
2 Pers.	410 g	150 g	65 g	125 g	30 g	$\frac{1}{2}$	1

Seite 104

1 Die erste und die letzte Aussage stimmen.

2

Schachteln	1	2	3	5	10	15
Pralinen	16	32	48	80	160	240

Seite 105

1 Giraffe, Tiger, Nilpferd und Orang-Utan, Strauß

Seite 106

2

Tierart	Pferde	Schweine	Hühner	Kühe
Anzahl der Tiere	20	45	80	65

Lösungen Mathematik

3

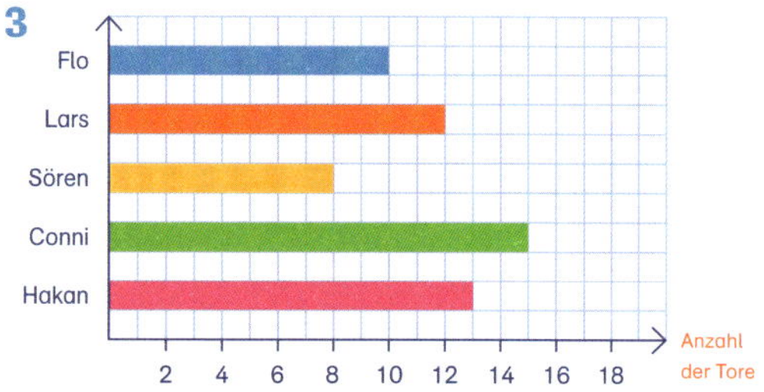

A: Torschützenkönig ist **Conni**.

Seite 107

1 F: Wie viele Karten passen noch in das Album?
R: 300 – 216 = 84
A: Es passen noch **84** Karten in das Album.

Seite 108

2 R: 3,60 m + 0,04 m + 0,04 m = 3,68 m
3,68 m + 3,68 m = 7,36 m
8 m – 7,36 m = 0,64 m
A: Es bleiben **0,64 m** Stoff übrig.

3 R: 6 cm · 15 = 90 cm
A: Sie kommt 90 cm weit.

Strecke	1 cm	6 cm	10 cm	50 cm
Zeit in s	10 s	60 s	100 s	500 s

500 s = 8 min 20 s
A: Sie braucht **8 min 20 s**.

Seite 109

1 3-mal Kamele, Löwen, Giraffen

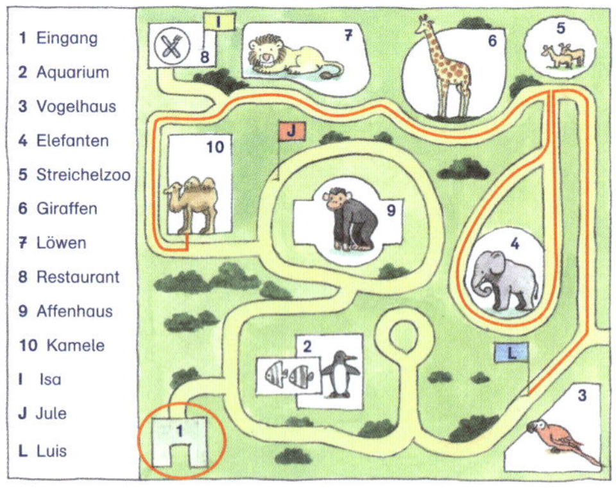

Seite 110

1 Quadrate: 1, Rechtecke: 5, Dreiecke: 5, Kreise: 5

2

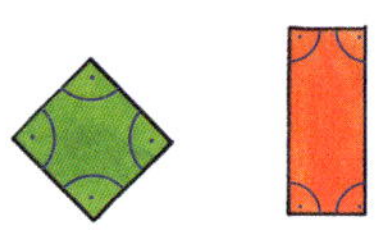

Seite 111

1

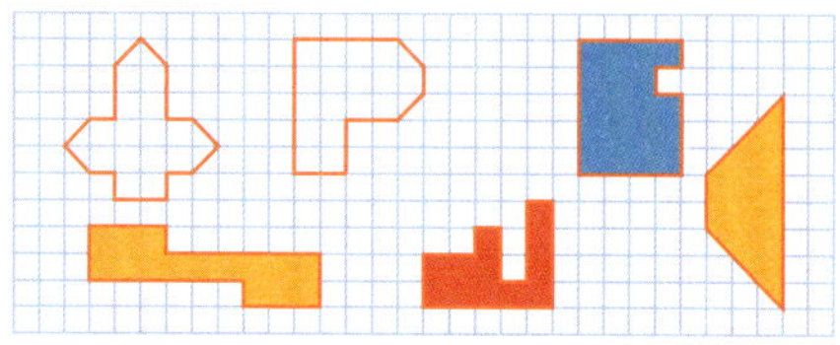

2

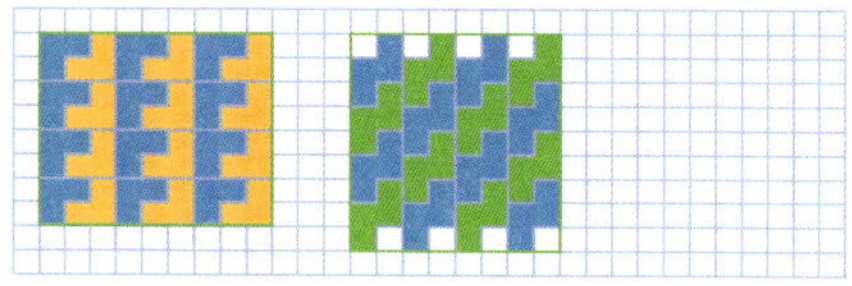

Seite 112

1 Würfel, Zylinder, Pyramide, Kegel, Kugel

2

Seite 113

1 das zweite Quadernetz
2 das vierte Würfelnetz

Seite 114

1

Seite 115

2

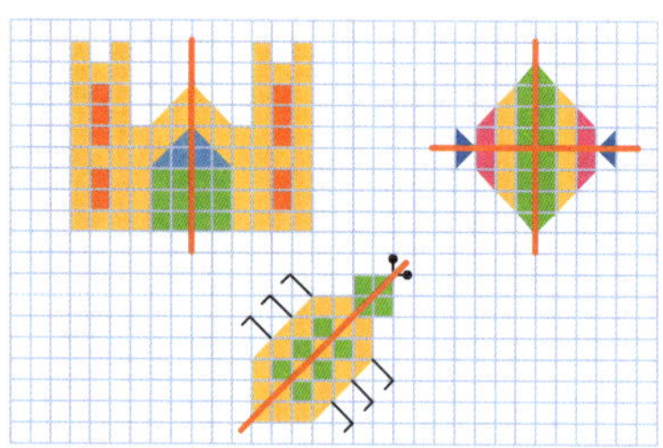

3 Pinguin und Segelschiff

Seite 116

1 So malst du die Baupläne aus: orange, gelb, grün, blau.

2

1	3	3	3	3	1
1	2	3	3	2	1
1	1	1	1	1	1

4	3	3	3
3	3	3	2
2	2	0	1

2	2	3	4
0	0	2	3